剪映高手

龙飞◎编著

5项核心修炼

蒙版+关键帧+抠图+自定义变速+高难度卡点

化学工业出版社

·北京·

内 容 简 介

5大剪映核心功能讲解，包括蒙版的14种技巧、关键帧的12种用法、抠图的14种方式、变速的8种方法、高难度卡点的10种玩法，书中既讲了剪映手机版的用法，也讲了电脑版的操作，同时还赠送了110多款素材与效果文件、300多分钟教学视频，手机扫码可以观看。

58个抖音热门案例，包括划屏调色对比、色彩分离画面、三屏合一片头、故障风格片尾、季节变换更替、人物分身效果、文字倒影效果、缩放相框效果、照片变视频、文字颜色渐变、无缝转场效果、滑屏Vlog、模拟运镜效果、添加移动水印、人物出场介绍、穿越手机换景、抠人物换背景、高光时刻慢放、炫酷甩入卡点、抽帧卡点视频等。

这本书适合剪映中、高级用户，特别是想要精通蒙版、关键帧、抠图、变速和卡点等核心功能的用户，助力大家快速成为剪辑高手。同时，本书也可以作为高等院校影视、剪辑等相关专业的教材使用。

图书在版编目（CIP）数据

剪映高手5项核心修炼：蒙版＋关键帧＋抠图＋自定义变速＋高难度卡点 / 龙飞编著．—北京：化学工业出版社，2023.9（2024.10重印）

ISBN 978-7-122-43663-4

Ⅰ．①剪… Ⅱ．①龙… Ⅲ．①视频编辑软件 Ⅳ．① TP317.53

中国国家版本馆CIP数据核字（2023）第105265号

责任编辑：王婷婷　李　辰　　封面设计：异一设计
责任校对：王鹏飞　　装帧设计：盟诺文化

出版发行：化学工业出版社（北京市东城区青年湖南街13号　邮政编码100011）
印　　装：北京瑞禾彩色印刷有限公司
710mm×1000mm　1/16　印张13　字数254千字　2024年10月北京第1版第3次印刷

购书咨询：010-64518888　　售后服务：010-64518899
网　　址：http://www.cip.com.cn
凡购买本书，如有缺损质量问题，本社销售中心负责调换。

定　　价：78.00元

前言

笔者有十多年的使用图像处理软件Photoshop与视频剪辑软件Premiere的经验，知道要想成为一个高手，必须要精通蒙板与抠图等高阶技巧。同理，学习剪映，如果你要想成为高手，也必须要掌握蒙板、关键帧、抠图等功能的使用。

笔者策划本书的初心就是帮助学习视频剪辑的读者，成为一个视频剪辑高手，攻克剪映的5大核心技能：蒙版+关键帧+抠图+自定义变速+高难度卡点。

笔者在抖音上收集、整理了200多个案例，然后精心挑选了58个热门效果放在书中讲解，剖析制作过程，深入浅出地介绍了14种高手必会的蒙版、12种关键帧用法、14种抠图方式、8种变速方法和10种卡点玩法，能够让读者通过一本书掌握这些高效技巧，进阶成剪辑高手。同时，随书赠送了110多款素材文件、300多分钟教学视频，手机扫码即可观看。

本书最大的特色是满足读者不同设备的剪辑需求，采用剪映手机版+剪映电脑版双版本教学，无论你使用手机版操作，还是用电脑版剪辑，本书都可以满足你，同时你也可以实现两个版本同时制作，融会贯通，学到更多！

特别提示：本书在编写时，是基于当前剪映电脑版截的实际操作图片，但书从编辑到出版需要一段时间，在这段时间里，软件界面与功能会有调整与变化。比如有些功能被删除了，或者增加了一些新功能等，这些都是软件开发商做的软件更新。若图书出版后相关软件有更新，请以更新后的实际情况为准，根据书中的提示，举一反三进行操作即可。

本书由龙飞编著，提供编写帮助、视频素材和拍摄帮助的人员还有朱霞芳、向小红、邓陆英等人，在此表示感谢。由于对软件的操作习惯与叙述方式不同，如有存疑与疏漏，敬请广大读者及时与我们联系，让我们一起探讨，共同进步，联系微信：157075539。

编著者

2023年7月

目录

第3章　14种方式，成为抠图大师

第4章　8种方法，制作酷炫变速效果

第5章　10种玩法，精通高难度卡点

第1章

14种蒙版，高手必会

本章要点：

在各大短视频平台中，我们看到的一些高级的、奇幻的视频效果，其制作过程几乎都离不开蒙版功能的运用。而剪映作为热门的剪辑软件，有多种蒙版样式供我们选择。本章将分别介绍手机版剪映和电脑版剪映的7种蒙版的使用方法，并结合具体的案例进行说明。

1.1 认识蒙版

蒙版是剪辑出高级视频效果的必备工具。在剪映App中，无论是电脑版，还是手机版，其蒙版功能都足以支撑视频创作者剪辑出一些精美的视频效果。在学习如何运用蒙版之前，我们可以先通过阅读本节内容来认识一下蒙版。

1.1.1 蒙版的概念和作用

蒙版，字面上的意思是“蒙在外面的板子”，从“板子”二字可以看出，它有遮挡和保护的作用，剪映中的蒙版也起着遮罩的作用。

在剪辑视频时，运用蒙版可以制作出转场、分屏、遮罩、创意文字、片头、片尾和动感相册的效果，从而使视频更加吸引人。

1.1.2 剪映中蒙版的分类

无论是手机版剪映，还是电脑版剪映，其蒙版功能的分类都是一样的。在电脑版剪映中切换至“蒙版”选项卡，弹出相应的界面，展示了6种蒙版选项，主要有线性、镜面、圆形、矩形、爱心和星形，如图1-1所示。不同形状的蒙版，遮盖的范围和形状也各有所异。

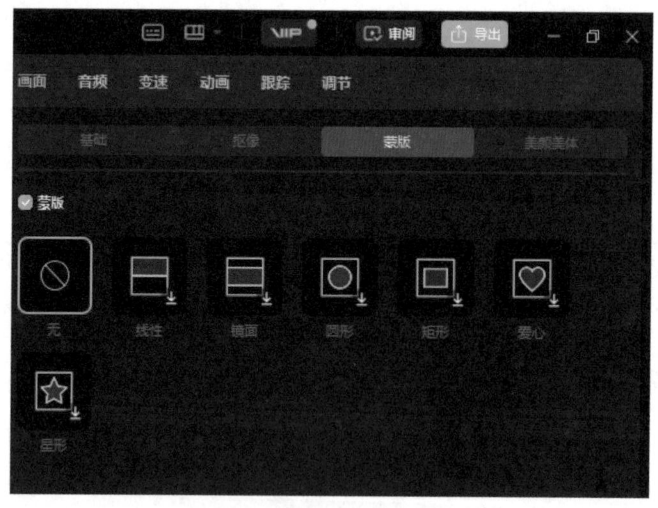

图 1-1 剪映的 6 种蒙版选项

例如，❶选择“线性”蒙版；❷调整蒙版线的位置；❸长按 按钮并向上拖曳，设置“羽化”参数为8，让画面边缘变得虚化，使画面过渡更加自然，如图1-2所示。同理，选择其他蒙版选项也是类似的调整方法。

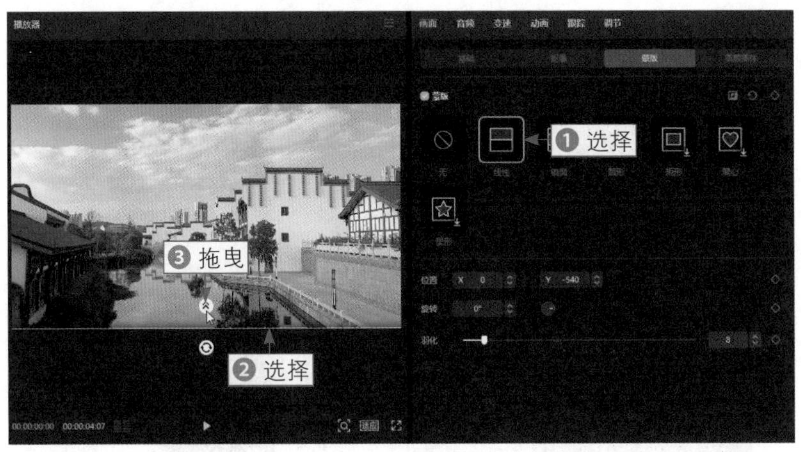

图 1-2　添加蒙版并调整

1.2　手机版剪映蒙版的7种使用方法

运用剪映中的蒙版功能剪辑视频时，虽然手机版和电脑版的最终剪辑效果是相同的，但操作方法会因设备的不同而有所差异。本节先介绍手机版剪映中7种蒙版的使用方法。

1.2.1　蒙版一：划屏调色对比

扫码看教学视频　扫码看成品效果

【效果展示】：运用蒙版功能，可以做出划屏对比视频，制作色彩反差的转场效果，实用性非常强，效果展示如图1-3所示。

图 1-3　效果展示

下面介绍在手机版剪映中运用蒙版制作划屏调色对比效果的具体操作方法。

步骤 01 导入两段一样的视频，❶选择第1段视频，❷点击“切画中画”按钮，如图1-4所示。

步骤 02 ❶选择视频轨道中的视频；❷点击“滤镜”按钮，如图1-5所示。

图 1-4　点击“切画中画”按钮

图 1-5　点击“滤镜”按钮

步骤 03 ❶在“影视级”选项区中选择“月升之国”滤镜；❷设置参数值为100，如图1-6所示。

步骤 04 ❶选择画中画轨道中的视频；❷在起始位置点击◇按钮添加关键帧；❸点击“蒙版”按钮，如图1-7所示。

图 1-6　设置“滤镜”参数

图 1-7　点击“蒙版”按钮

步骤 05 ❶选择“线性”蒙版；❷调整蒙版线的角度和位置，使其旋转90°

并处于画面最左边，如图1-8所示。

步骤 06 ❶拖曳时间轴至视频3s左右的位置；❷调整蒙版线的位置，使其处于画面最右边，如图1-9所示，这样就能实现划屏对比的效果。

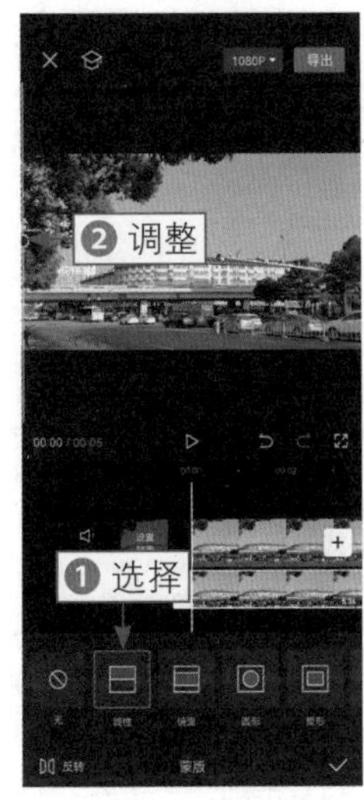

图 1-8　调整蒙版线的角度和位置

图 1-9　调整蒙版线的位置

1.2.2　蒙版二：色彩分离画面

扫码看教学视频

扫码看成品效果

【效果展示】：运用“蒙版”功能可以制作分屏视频，形成同一画面中有不同色彩呈现的效果，再加上一些文字，画面会更加有文艺感，也让人印象深刻，效果展示如图1-10所示。

图 1-10　效果展示

下面介绍在手机版剪映中运用蒙版制作色彩分离画面的具体操作方法。

步骤 01 导入两段一样的视频，❶选择第1段视频；❷点击“切画中画”按钮，如图1-11所示。

步骤 02 选择视频轨道中的视频，点击“滤镜”按钮，❶在“黑白”选项区中选择“默片”滤镜；❷设置参数值为100，如图1-12所示。

图 1-11 点击“切画中画”按钮

图 1-12 设置“滤镜”参数（1）

步骤 03 为画中画轨道中的视频设置“柠青”风景滤镜，参数值为100，如图1-13所示。

步骤 04 添加滤镜之后，点击“蒙版”按钮，如图1-14所示。

图 1-13 设置“滤镜”参数（2）

图 1-14 点击“蒙版”按钮

步骤 05 ❶选择“矩形”蒙版；❷调整蒙版的大小，如图1-15所示。

步骤 06 在起始处依次点击“文字”按钮和“文字模板”按钮，如图1-16所示。

步骤 07 在“片头标题”选项区选择一个文字模板，如图1-17所示。

图 1-15　调整蒙版的大小

图 1-16　点击“文字模板”按钮

图 1-17　选择一个文字模板

步骤 08 在文字模板的末尾继续添加一款“片尾谢幕”文字模板，如图1-18所示，适当修改文字内容。

步骤 09 ❶调整文字的大小和位置；❷调整文字文本的时长，让其末尾位置与视频末尾位置对齐，如图1-19所示。

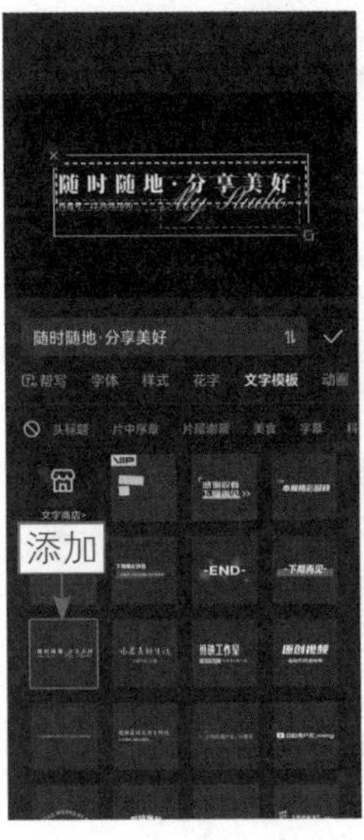

图 1-18　添加“片尾谢幕”文字模板

图 1-19　调整文字文本的时长

1.2.3　蒙版三：遮盖视频水印

扫码看教学视频

扫码看成品效果

【效果展示】：当要处理视频中的水印时，可以通过剪映的“模糊”特效和“矩形”蒙版，遮挡视频中的水印，效果展示如图1-20所示。

图 1-20　效果展示

下面介绍在手机版剪映中运用蒙版制作遮盖视频水印效果的具体操作方法。

步骤 01 ❶在剪映App中导入水印视频素材；❷依次点击“特效”按钮和“画面特效”按钮，如图1-21所示。

步骤 02 在“基础”选项卡中选择“模糊”特效，如图1-22所示。

图 1-21　点击“画面特效”按钮

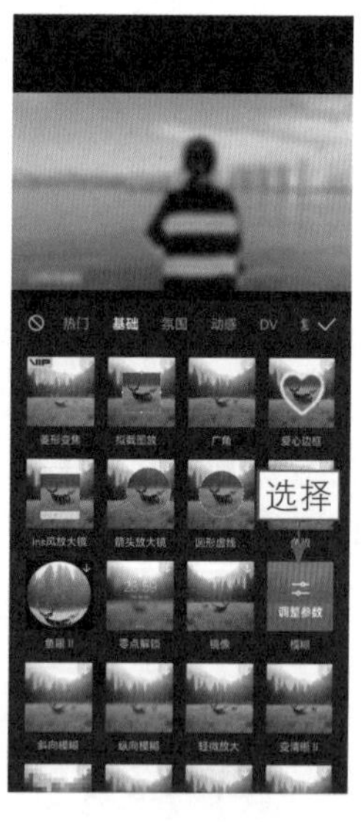

图 1-22　选择“模糊”特效

步骤 03 点击✓按钮，添加“模糊”特效并调整特效时长，如图1-23

所示。

步骤 04 将视频导出后返回剪辑界面，❶ 将“模糊”特效删除并将导出的模糊视频重新导入画中画轨道中；❷ 在预览窗口中调整模糊视频的大小，如图 1-24 所示。

图 1-23　调整特效时长

图 1-24　调整模糊视频的大小

步骤 05 在工具栏中，点击“蒙版”按钮，如图1-25所示。

步骤 06 进入“蒙版”面板，❶选择“矩形”蒙版；❷在预览窗口中调整蒙版的位置、大小及羽化程度，使蒙版盖住水印，如图1-26所示。

图 1-25　点击“蒙版”按钮

图 1-26　调整蒙版

1.2.4 蒙版四：用文字分割文字

扫码看教学视频

扫码看成品效果

【效果展示】：直接创建的文字是无法添加蒙版的，但文字视频可以，通过添加蒙版，可以制作出新奇有趣的文字上下分割效果，展示如图 1-27 所示。

图 1-27 效果展示

下面介绍在手机版剪映中运用蒙版制作用文字分割文字效果的具体操作方法。

步骤 01 在手机版剪映中，制作一个背景为黑色、时长为5.6s、“字体”适合所输内容、“缩放”参数为56的文本，如图1-28所示，将文字导出为视频备用。

步骤 02 新建一个草稿文件，在视频轨道中添加视频素材，新建一个文本框。❶ 输入正文内容；❷ 选择一款字体；❸ 调整文本的大小和位置，如图 1-29 所示。

图 1-28 制作文本

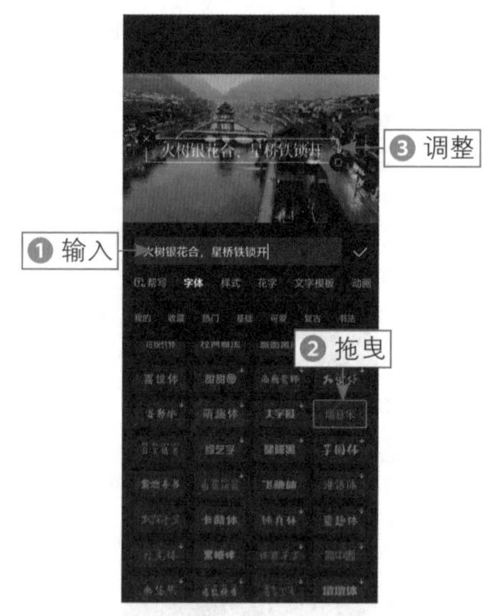

图 1-29 调整文本的大小和位置

步骤 03 ❶切换至“样式”选项卡；❷选择一种预设样式，如图1-30所示。

步骤 04 在“动画”选项卡中，❶选择“随机弹跳”入场动画；❷设置动画时长为4.0s，如图1-31所示。

图 1-30 选择一种预设样式

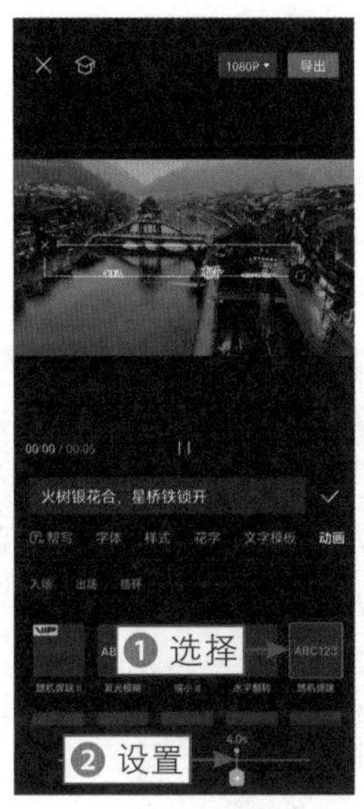

图 1-31 设置动画时长

步骤 05 ❶ 在画中画轨道中导入前面导出的文字视频；❷ 调整画面大小；❸ 点击“混合模式”按钮，如图 1-32 所示。

步骤 06 在“混合模式”面板中，选择“滤色”选项，如图 1-33 所示，去除黑底。

图 1-32 点击“混合模式”按钮

图 1-33 选择“滤色”选项

步骤 07 ❶点击◇按钮添加一个关键帧；❷点击“蒙版”按钮，如图1-34所示。

步骤 08 在“蒙版”面板中，❶选择“镜面”蒙版；❷调整蒙版的大小；❸点击“反转”按钮，如图1-35所示。

步骤 09 ❶拖曳时间轴至相应的位置；❷再次调整蒙版的大小，将文字的上面和下面显示出来，中间刚好可以显示正文文字，如图1-36所示，形成文字上下分割的效果。

图 1-34　点击“蒙版”按钮

图 1-35　点击“反转”按钮

图 1-36　调整蒙版的大小

1.2.5　蒙版五：三屏合一片头

【效果展示】：三屏合一开场主要是把 3 段视频中的画面放在一起展示出来，这三屏画面可以是同一段视频中的，分区显现即可，效果如图 1-37 所示。

扫码看教学视频

扫码看成品效果

图 1-37　效果展示

下面介绍在手机版剪映中运用蒙版制作三屏合一片头的具体操作方法。

步骤 01 在剪映中导入3段一样的视频，❶选择第2段素材；❷点击“切画中画”按钮，如图1-38所示，把素材切换至画中画轨道中。

步骤 02 把两段素材切换至画中画轨道中，并调整时长，使每段素材的起始位置间隔约为1s左右，如图1-39所示。

图 1-38　点击“切画中画”按钮

图 1-39　调整画中画轨道中素材的时长

步骤 03 ❶选择视频轨道中的素材；❷点击“蒙版”按钮，如图1-40所示。

步骤 04 ❶选择“镜面”蒙版；❷调整蒙版的位置和角度，如图1-41所示。

步骤 05 用同样的方法为剩下的素材添加蒙版，并调整蒙版的位置，如图 1-42 所示。

步骤 06 ❶选择第2条画中画轨道中的素材；❷点击“动画”按钮，如图1-43所示，进入“入场动画”选项卡。

图 1-40　点击“蒙版”按钮

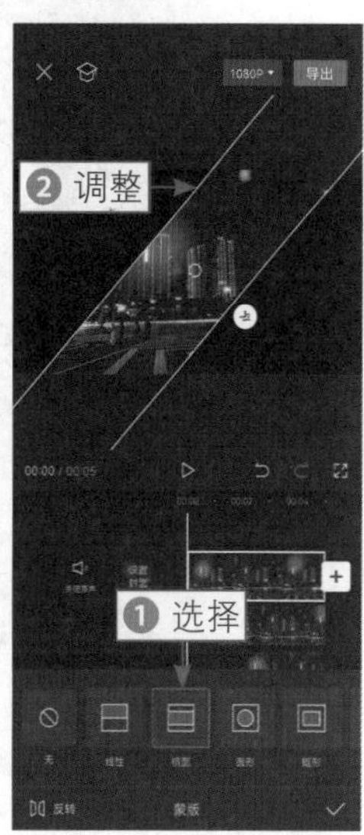

图 1-41　调整蒙版的位置和角度

图 1-42　调整蒙版的位置

图 1-43　点击“动画”按钮

步骤 07 选择“左右抖动”动画，如图1-44所示。之后为剩下的素材设置同样的动画。

步骤 08 返回工具栏，在视频的起始位置点击“特效”按钮，如图1-45所示。进入二级工具栏，点击“画面特效”按钮。

图 1-44　选择“左右抖动”动画

图 1-45　点击“特效”按钮

步骤 09 ❶ 切换至“动感”选项卡；❷ 选择“灵魂出窍”特效，如图 1-46 所示。

步骤 10 ❶调整特效的时长，使其与视频末尾位置对齐；❷点击“作用对象”按钮，如图1-47所示。

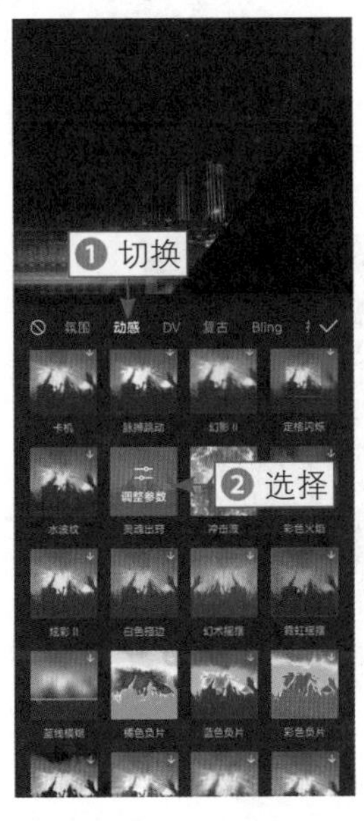

图 1-46　选择“灵魂出窍”特效

图 1-47　点击“作用对象”按钮

步骤 11 在“作用对象”面板中选择“全局”选项，如图1-48所示。

步骤 12 最后为视频添加合适的背景音乐，如图1-49所示。

图 1-48　选择“全局”选项

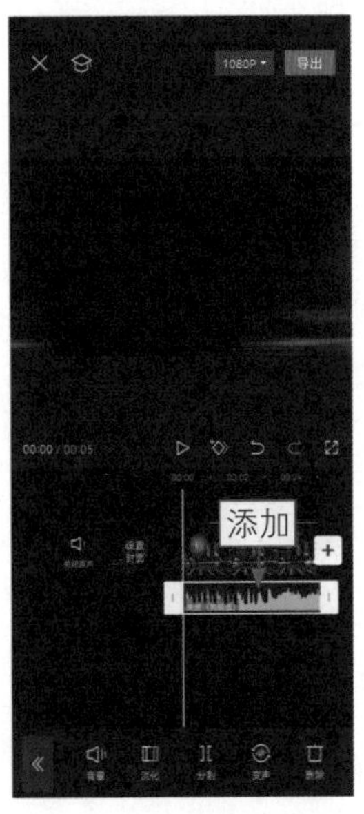

图 1-49　添加合适的背景音乐

1.2.6 蒙版六：故障风格片尾

扫码看教学视频

扫码看成品效果

【效果展示】：故障风格片尾是利用“蒙版”功能和加入动感特效实现的，是比较少见的一种片尾视频，效果非常独特，制作方式也复杂一些，而且不容易撞风格，如图1-50所示。

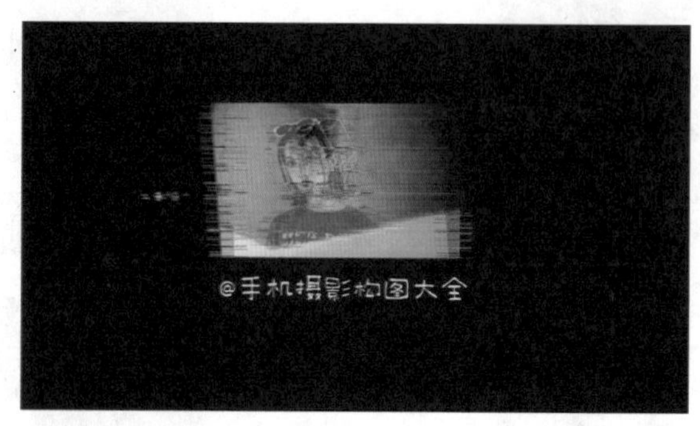

图 1-50 效果展示

下面介绍在手机版剪映中运用蒙版制作故障风格片尾的具体操作方法。

步骤 01 在剪映App的素材库中导入一段黑幕素材，并设置时长为7s左右，如图1-51所示。

步骤 02 连续点击“画中画”按钮和“新增画中画”按钮，❶ 导入一张照片素材；❷ 调整照片画面的大小、位置和时长；❸ 点击“蒙版”按钮，如图 1-52 所示。

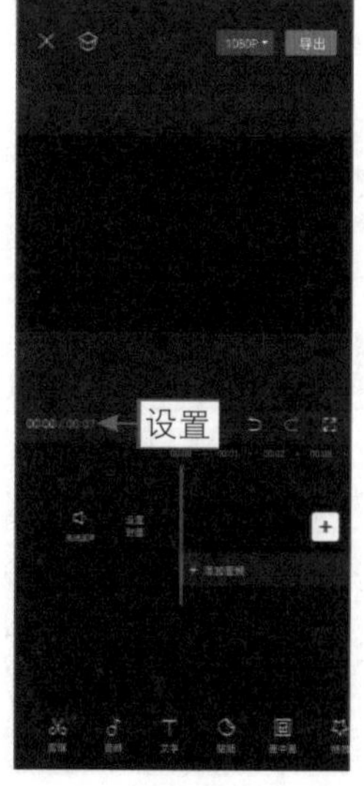

图 1-51 设置黑幕素材时长

图 1-52 点击“蒙版”按钮

步骤 03 ❶在“蒙版”界面中选择“矩形”蒙版；❷调整蒙版的位置，使其露出头像素材的四分之一，如图1-53所示。

步骤 04 点击“复制”按钮，复制画中画轨道，拖曳至第2个画中画轨道，并与视频轨道对齐。点击“蒙版”按钮，调整蒙版位置，使头像总共露出二分之一，如图1-54所示。

图 1-53　调整蒙版的位置（1）

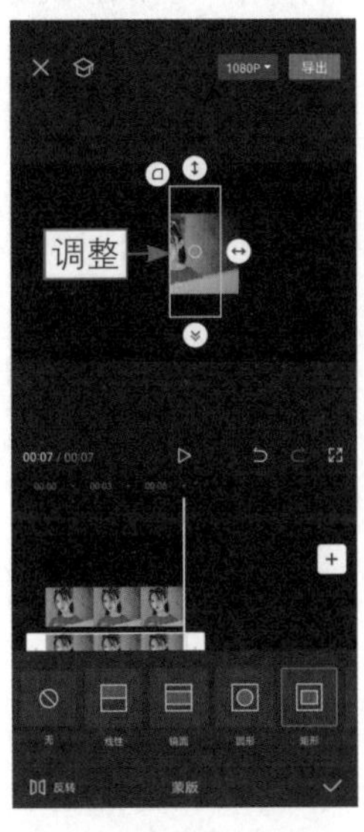

图 1-54　调整蒙版的位置（2）

步骤 05 用同样的操作方法，复制并调整剩下的画中画轨道中的两段素材，使头像素材全部露出来，如图 1-55 所示。

步骤 06 点击“音频”按钮，添加合适的背景音乐，根据音乐节奏，调整 4 条轨道中素材的时长，如图 1-56 所示。

步骤 07 点击“文字”按钮，添加文字，设置喜欢的字体、颜色样式，调整文字的大小和位置，并调整文字素材的时长，如图1-57所示。

步骤 08 为文字添加“弹性伸缩”入场动画，如图 1-58 所示。

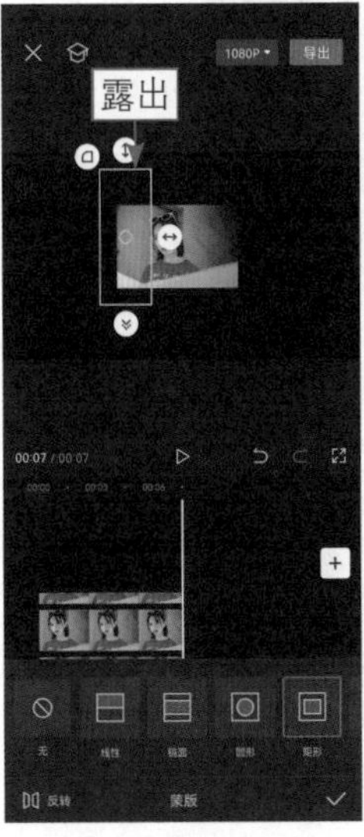

图 1-55　露出全部头像素材

图 1-56　调整 4 条轨道中素材的时长

图 1-57　调整文字素材的时长

图 1-58　添加“弹性伸缩”入场动画

步骤 09 点击“特效”按钮和“画面特效”按钮，添加“几何图形”动感特效，如图1-59所示。

步骤 10 返回上一级工具栏，再次点击相应的按钮添加“视频分割”动感特效。❶选择该特效；❷点击“作用对象”按钮，如图1-60所示。

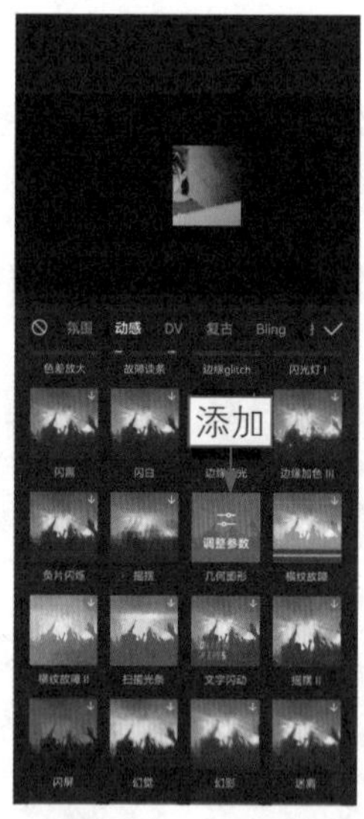

图 1-59　添加“几何图形”动感特效

图 1-60　点击“作用对象”按钮

步骤 11 在“作用对象”界面中选择“全局”选项，如图1-61所示。

步骤 12 再添加“毛刺”动感特效，作用对象也设置为“全局”，最后调整各段特效的时长，如图1-62所示。

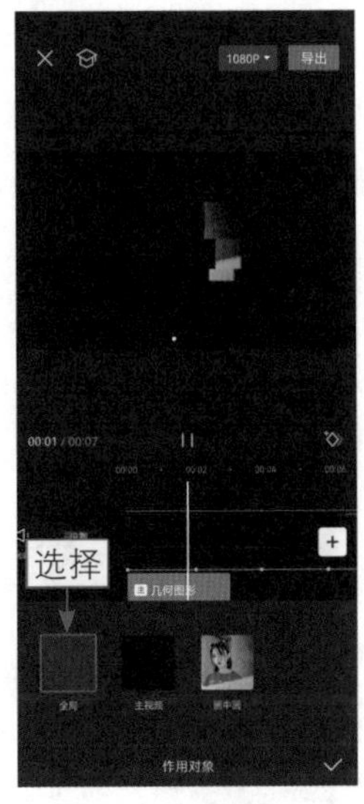

图 1-61　选择“全局”选项

图 1-62　调整特效的时长

1.2.7　蒙版七：动感相册

【效果展示】：运用不同形状的蒙版将照片的显示画面进行裁剪，再添加合适的音乐和动画，即可制作出动感十足的相册视频，效果如图 1-63 所示。

扫码看教学视频

扫码看成品效果

图 1-63　效果展示

下面介绍在手机版剪映中运用蒙版制作动感相册的具体操作方法。

步骤 01 在手机版剪映中导入 4 张人像照片素材，为视频添加合适的背景音乐。❶ 选择音频素材；❷ 点击“踩点”按钮，如图 1-64 所示，弹出“踩点”面板。

步骤 02 ❶点击“自动踩点”按钮；❷选择“踩节拍 I ”选项，如图1-65所示。

图 1-64 点击“踩点”按钮

图 1-65 选择“踩节拍 I ”选项

步骤 03 根据节拍点的位置，调整每张照片素材的时长，对齐相应的节拍点，如图1-66所示。

步骤 04 选择音乐素材，点击“淡化”按钮，设置“淡出时长”参数为 4.1s，如图 1-67 所示。

步骤 05 返回一级工具栏，点击“背景”按钮，如图1-68所示。

步骤 06 在背景工具栏中点击“画布颜色”按钮，❶ 选择白色；❷ 点击“全局应用”按钮，如图 1-69 所示。

步骤 07 ❶ 选择第 1 张照片素材；❷ 点击“蒙版”按钮，如图 1-70 所示。

图 1-66 调整每张照片素材的时长

图 1-67 设置“淡出时长”参数

图 1-68　点击“背景”按钮

图 1-69　点击“全局应用”按钮

图 1-70　点击“蒙版”按钮

步骤 08 ❶在“蒙版”面板中选择“星形”蒙版；❷在预览区域调整蒙版的大小和位置；❸轻轻向下拖曳羽化按钮 ，如图1-71所示。

步骤 09 返回上一级面板，点击“动画”按钮，如图1-72所示。

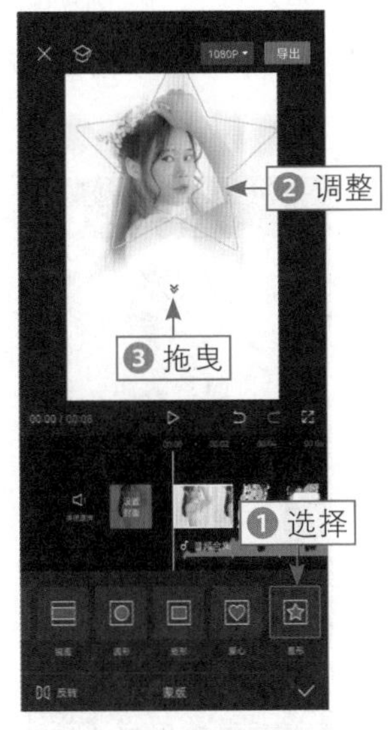

图 1-71　拖曳相应的按钮（1）

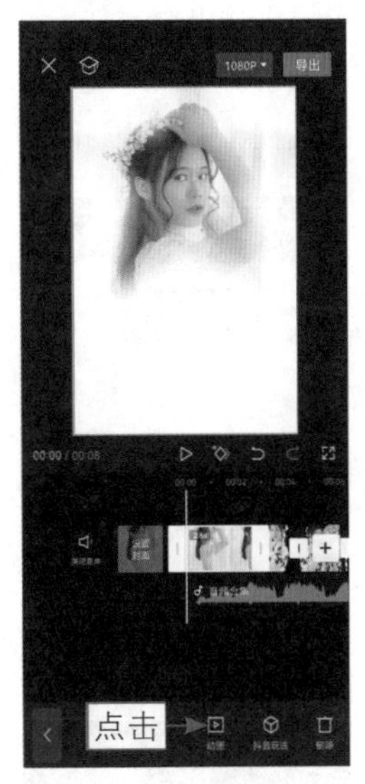

图 1-72　点击“动画”按钮

步骤 10 在“组合动画”选项卡中，选择“旋转降落”动画，如图 1-73 所示。

步骤 11 选择第2张照片素材，❶为其选择一个“圆形”蒙版；❷在预览区域调整蒙版的大小和位置；❸轻轻向下拖曳羽化按钮，为蒙版添加羽化效果，如图1-74所示。

图 1-73　选择“旋转降落”动画

图 1-74　拖曳相应的按钮（2）

步骤 12 为第2张照片素材添加“旋转降落”组合动画，如图1-75所示。

步骤 13 用相同的方法，为第 3 张照片和第 4 张照片素材分别添加“矩形”蒙版和“爱心”蒙版，适当调整照片和蒙版的位置，并设置相应的羽化效果，如图 1-76 所示。

图 1-75　添加“旋转降落”组合动画（1）

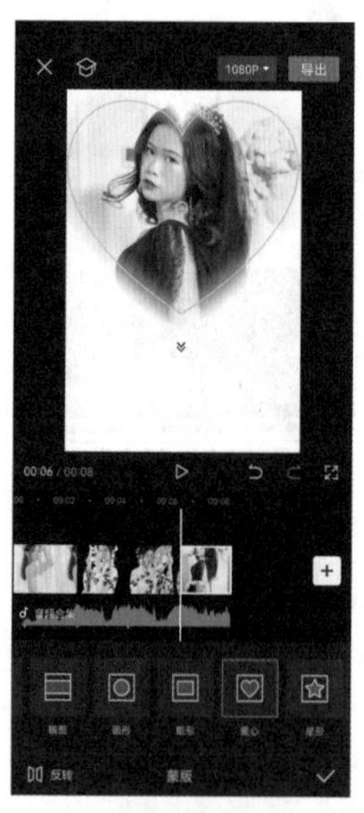

图 1-76　设置相应的羽化效果

步骤 14 为第 3 张照片素材和第 4 张照片素材分别添加“旋转降落”组合动画，如图 1-77 所示。

步骤 15 返回一级工具栏，❶拖曳时间轴至视频起始位置；❷点击“文字”按钮，如图1-78所示，显示文字工具栏。

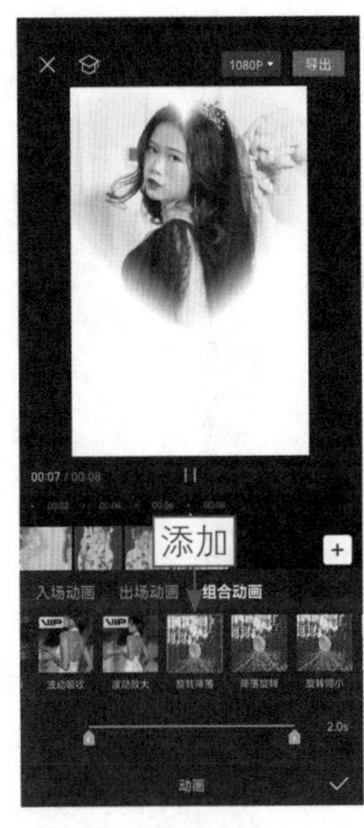

图 1-77 添加“旋转降落”组合动画（2）

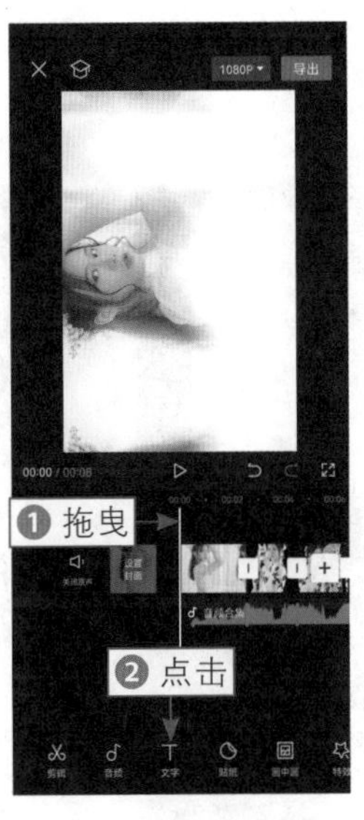

图 1-78 点击“文字”按钮

步骤 16 点击“新建文本”按钮，❶输入文字内容；❷为文字选择字体；❸在预览区域中调整文字的大小和位置，如图1-79所示。

步骤 17 ❶ 切换至“样式”选项卡；❷ 选择合适的文字样式，如图 1-80 所示。

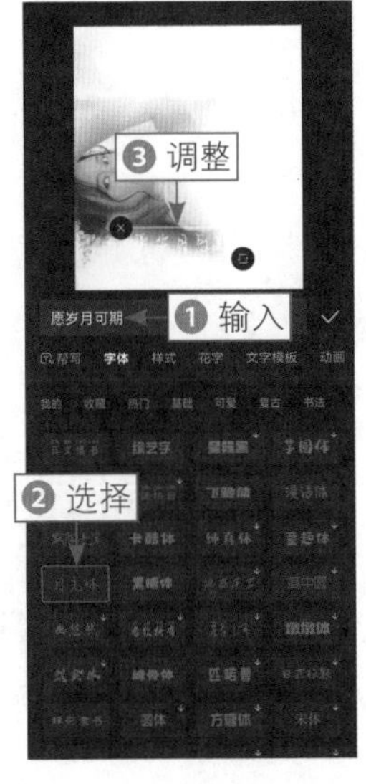

图 1-79 调整文字的大小和位置

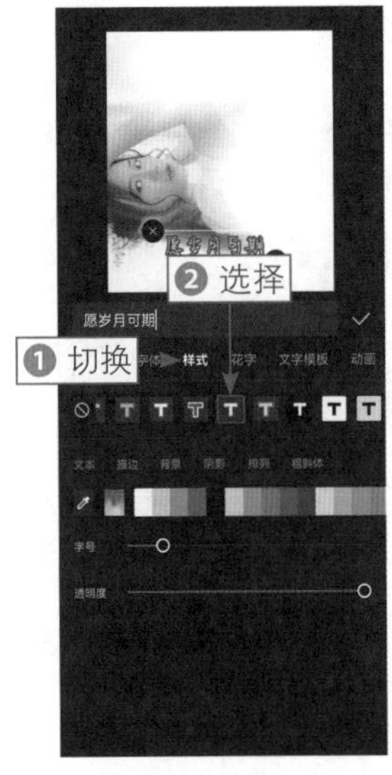

图 1-80 选择合适的文字样式

步骤18 ❶切换至“动画”选项卡；❷在“入场”选项区中选择“渐显”动画，如图1-81所示。

步骤19 点击✓按钮，确认添加文字，连续点击3次“复制”按钮，复制出3段文字，如图1-82所示。

步骤20 分别修改复制的文字内容，并调整4段文字的时长和轨道位置，如图1-83所示。

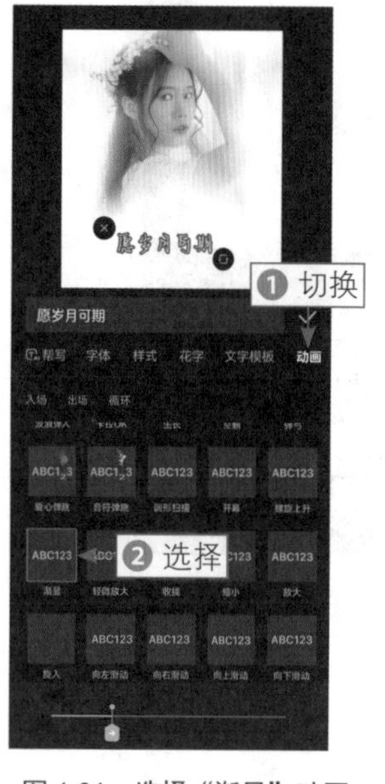

图1-81　选择“渐显”动画

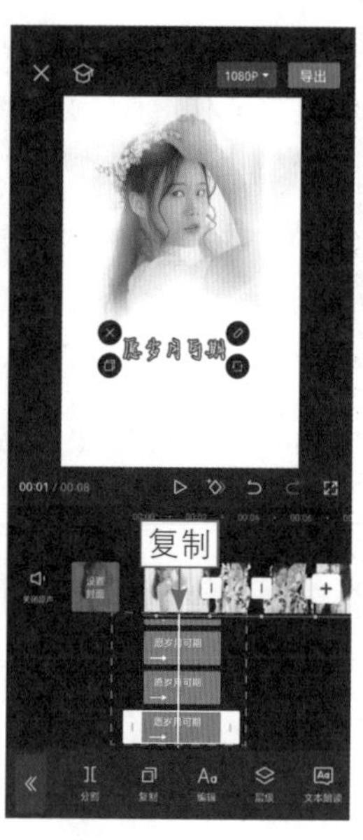

图1-82　复制出3段文字

图1-83　调整4段文字的时长和轨道位置

1.3　电脑版剪映蒙版的7种使用方法

手机版剪映与电脑版剪映中蒙版功能的类型和作用是相同的，但运用起来在操作上有不同之处。本节将介绍电脑版剪映中7种蒙版的使用方法。

1.3.1　蒙版一：季节变换更替

【效果展示】：使用剪映中的“月升之国”滤镜可以营造出秋天的氛围，后期通过“蒙版”和“关键帧”功能，就能把夏天渐变成秋天，效果如图1-84所示。

扫码看教学视频

扫码看成品效果

图 1-84　效果展示

下面介绍在电脑版剪映中运用蒙版制作季节变换更替效果的具体操作方法。

步骤 01 将视频添加到视频轨道中，❶ 单击“滤镜”按钮；❷ 切换至“影视级”选项卡；❸ 单击“月升之国”滤镜右下角的“添加到轨道”按钮，如图 1-85 所示。

步骤 02 调整“月升之国”滤镜的时长，使其对齐视频的时长，如图1-86所示，之后单击“导出”按钮导出这段秋天视频。

图 1-85　单击“添加到轨道”按钮（1）

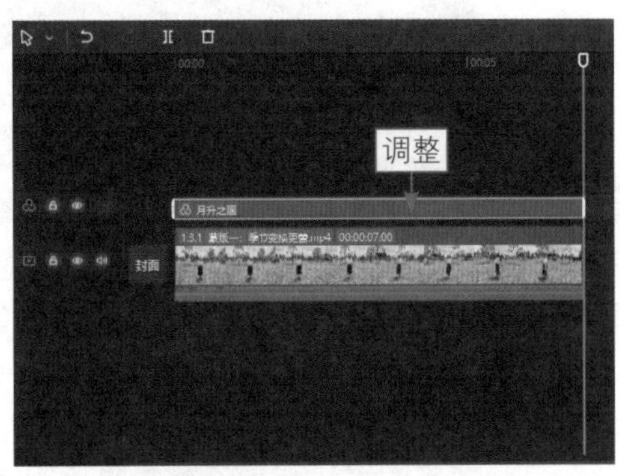

图 1-86　调整“月升之国”滤镜的时长

步骤 03 ❶把导出的秋天视频和原始视频导入到“本地”选项卡中；❷单击原始视频右下角的“添加到轨道”按钮，如图1-87所示。

步骤 04 把视频添加到视频轨道，拖曳秋天视频至画中画轨道中，如图 1-88 所示。

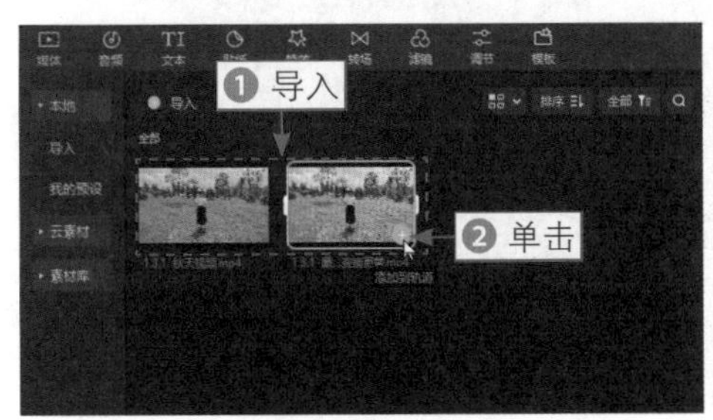

图 1-87　单击“添加到轨道”按钮（2）

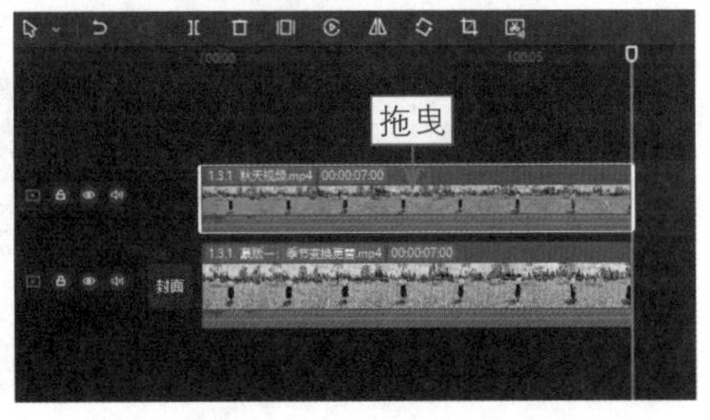

图 1-88　拖曳秋天视频至画中画轨道中

步骤 05 ❶切换至“蒙版”选项卡；❷选择“圆形”蒙版；❸设置“大小”选项组中的“长”和“宽”参数都为1，调整蒙版的大小；❹单击“大小”右侧的◇按钮，添加关键帧◆；❺设置“羽化”参数为2，让边缘过渡变得自然一些，如图1-89所示。

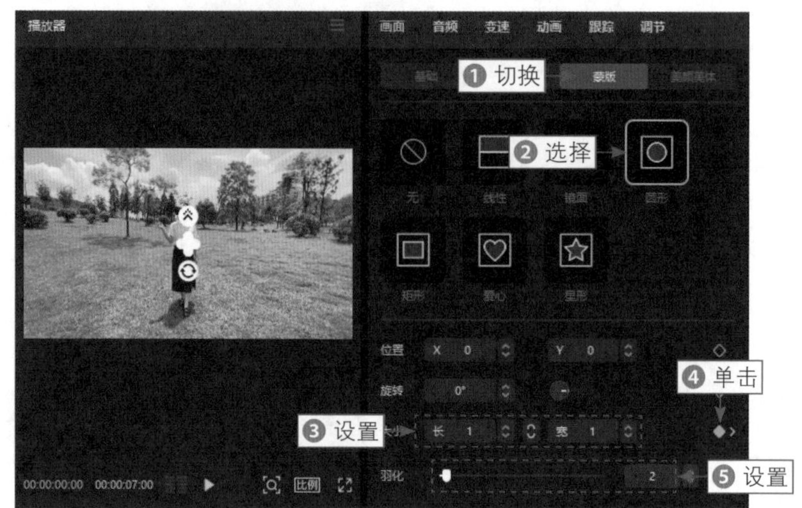

图 1-89　设置“羽化”参数

步骤 06 拖曳时间轴至00:00:03:11的位置，适当调整蒙版的大小，使其“大小”选项组中的“长”和“宽”参数都为2211，这样就能制作出夏天变换成秋天的画面效果，如图1-90所示。

图 1-90　调整蒙版的大小

1.3.2　蒙版二：人物分身效果

扫码看教学视频

扫码看成品效果

【效果展示】：在电脑版剪映中运用“线性”蒙版可以制作人物分身效果，把同一场景中的两个人物视频合成在一个视频画面中，相当于分屏幕同时展示两个画面，且通过设置“羽化”效果可以不留痕迹，效果展示如图1-91所示。

图 1-91　效果展示

下面介绍在电脑版剪映中运用蒙版制作人物分身效果的具体操作方法。

步骤 01 将两段在同一场景拍摄的位置不同的人物视频，分别添加到视频轨道和画中画轨道中，如图1-92所示。

步骤 02 选择画中画轨道中的素材，在“画面”操作区中，❶切换至“蒙版”选项卡；❷选择“线性”蒙版；❸设置“旋转”角度为50°；❹设置“羽化”参数为10，让两个合成的视频画面过渡得更自然，如图1-93所示。

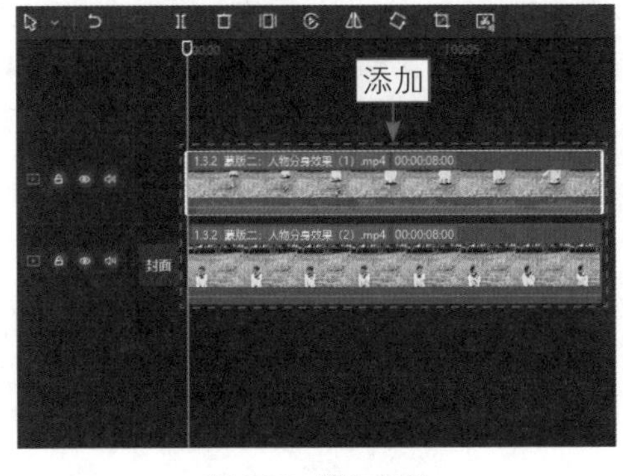

图 1-92　添加视频

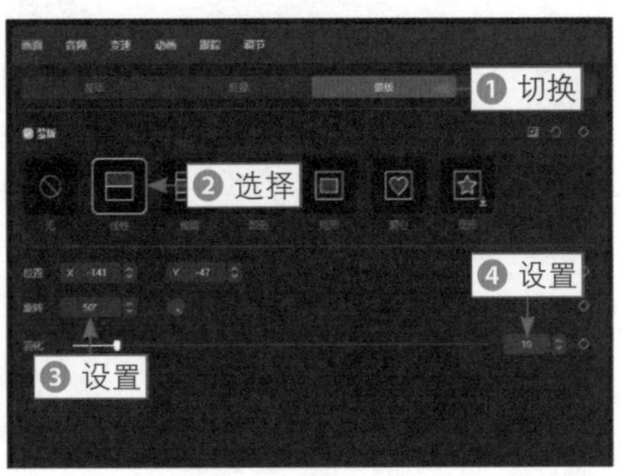

图 1-93　设置“羽化”参数

步骤 03 执行上述操作后，即可完成蒙版分身视频的制作。在“播放器”窗口中可以查看画面效果，如图1-94所示。

图 1-94　查看画面效果

1.3.3　蒙版三：偷走影子特效

扫码看教学视频

扫码看成品效果

【效果展示】：利用“蒙版”功能可以制作出偷走影子视频——瓶子中的花没有被拿走，但是花的影子却被一只手影拿走了，效果如图 1-95 所示。

图 1-95　效果展示

下面介绍在电脑版剪映中运用蒙版制作偷走影子特效的操作方法。

步骤 01 在视频轨道中添加一段视频素材，单击“定格”按钮，如图1-96所示。

步骤 02 生成定格片段后，❶将视频素材拖曳至画中画轨道中；❷调整定格片段的时长，让其与视频素材的时长齐长，如图1-97所示。执行操作后，选择画中画轨道中的视频素材。

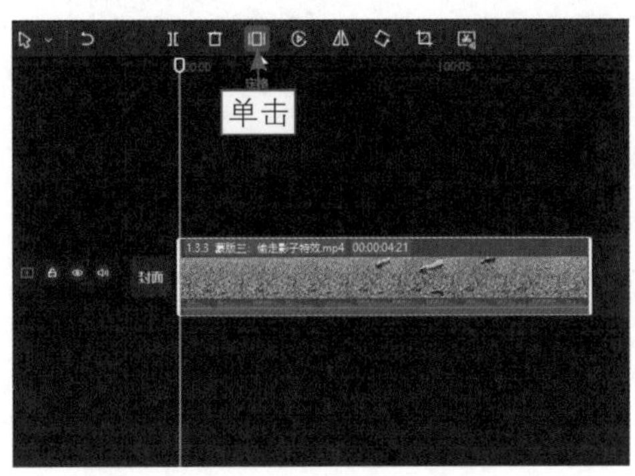

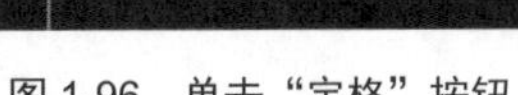
图 1-96　单击“定格”按钮

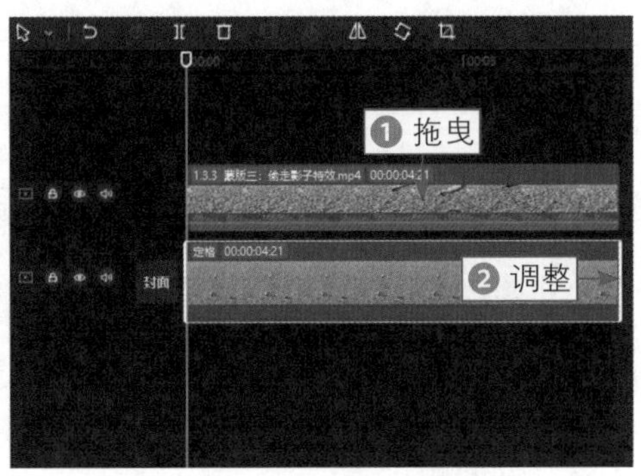

图 1-97　调整定格片段的时长

步骤 03 在“画面”操作区的“蒙版”选项卡中，选择“矩形”蒙版，如图 1-98 所示，制作遮罩效果。

步骤 04 在“播放器”窗口中，调整蒙版的位置、大小和羽化程度，如图 1-99 所示，执行操作后，即可完成偷走影子特效的制作。

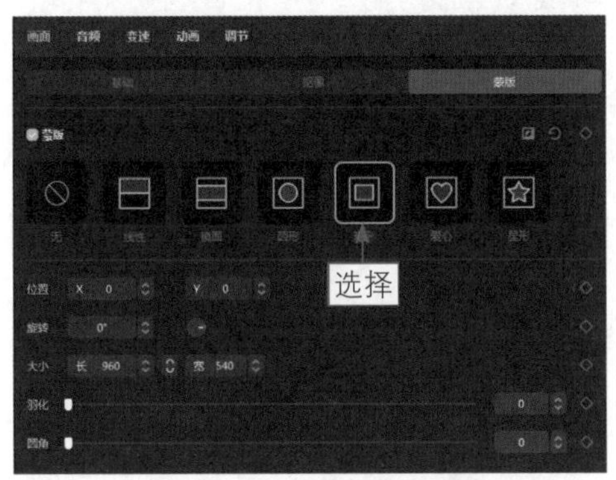

图 1-98　选择“矩形”蒙版

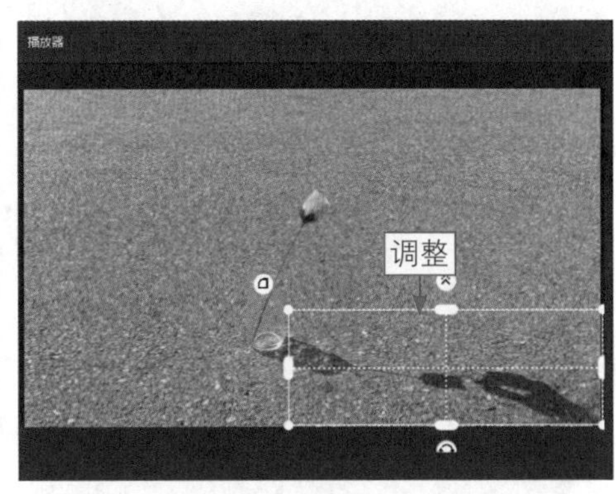

图 1-99　调整蒙版的位置、大小和羽化程度

1.3.4　蒙版四：文字倒影效果

扫码看教学视频

扫码看成品效果

【效果展示】：在剪映中运用“镜像”和“旋转”功能可以制作出文字倒影效果，再结合“蒙版”功能和“不透明度”功能还能让效果更加自然，效果如图1-100所示。

图 1-100　效果展示

下面介绍在电脑版剪映中运用蒙版制作文字倒影效果的操作方法。

步骤 01 在电脑版剪映中，新建一个显示时长为7s的文本。❶在“文本”操作区中输入文字内容；❷设置一种字体，如图1-101所示。

步骤 02 在“排列”选项区，设置“字间距”参数为2，如图1-102所示，扩大文字的间距。

图 1-101　设置一种字体

图 1-102　设置“字间距”参数

步骤 03 在“动画”操作区中，❶选择“溶解”入场动画；❷设置“动画时长”参数为4.0s，如图1-103所示。

步骤 04 在第2条字幕轨道中新建一个显示7s的文本，❶在“文本”操作区中输入“-”符号；❷放大符号，使其可以覆盖文字，如图1-104所示。

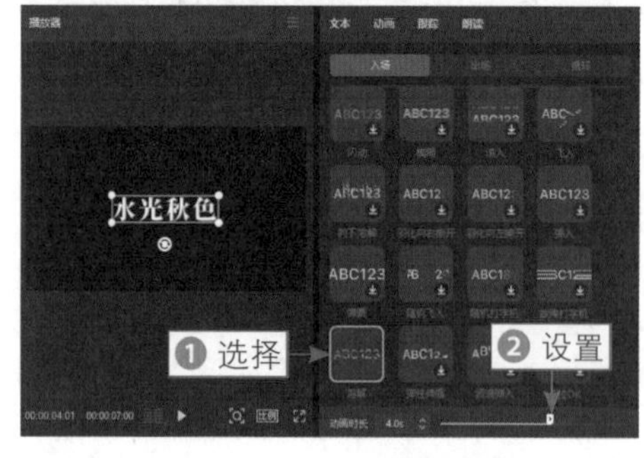

图 1-103　设置“动画时长”参数

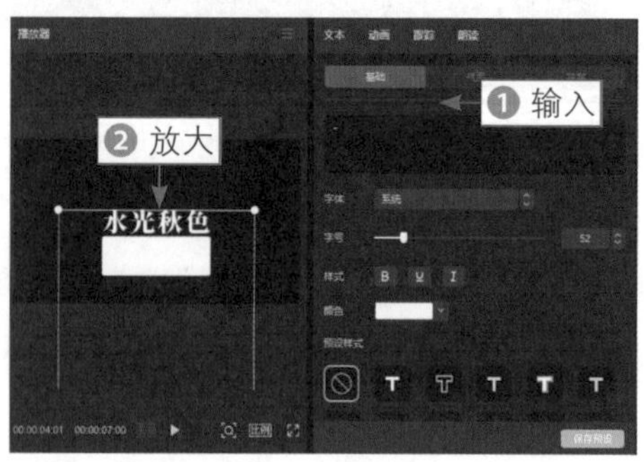

图 1-104　放大符号

步骤 05 拖曳时间轴至动画结束的位置，选择“水光秋色”文本，❶在“播放器”窗口中调整文字的位置，使其位于符号的上方；❷在“文本”操作区中点亮“位置”关键帧◆，如图1-105所示，在动画结束的位置添加一个关键帧。

步骤 06 拖曳时间轴至动画开始的位置，在“播放器”窗口中调整文字的位置，使其被符号覆盖，如图 1-106 所示，在动画开始的位置添加一个关键帧，制作文字缓缓上滑的效果。在“文本”操作区中设置符号颜色为黑色，将制作好的文字导出为视频备用。

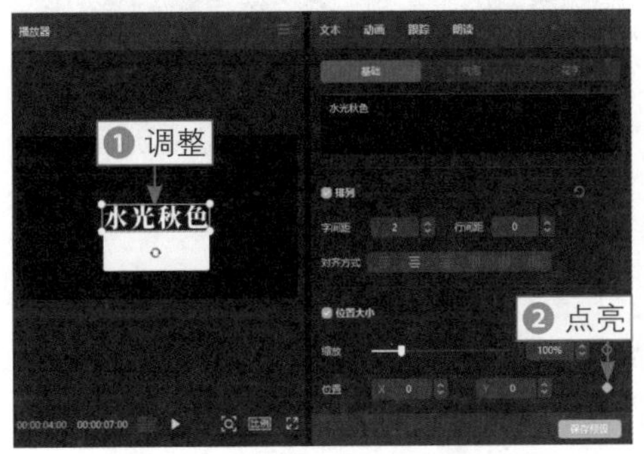

图 1-105　点亮“位置”关键帧

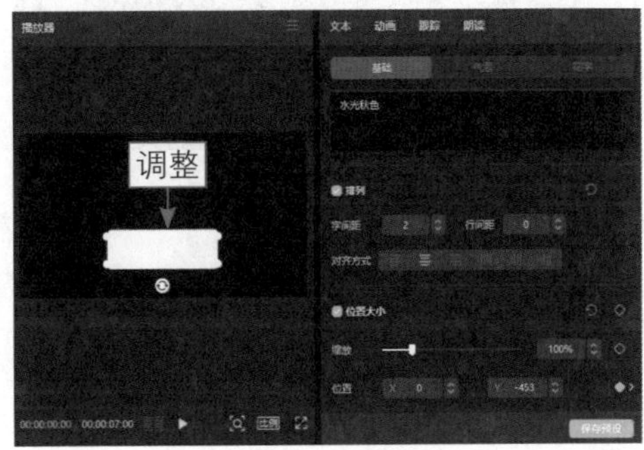

图 1-106　调整文字的位置

步骤 07 新建一个草稿文件，❶在视频轨道中添加一段视频素材；❷在画中画轨道中添加前面导出的文字视频，如图1-107所示。

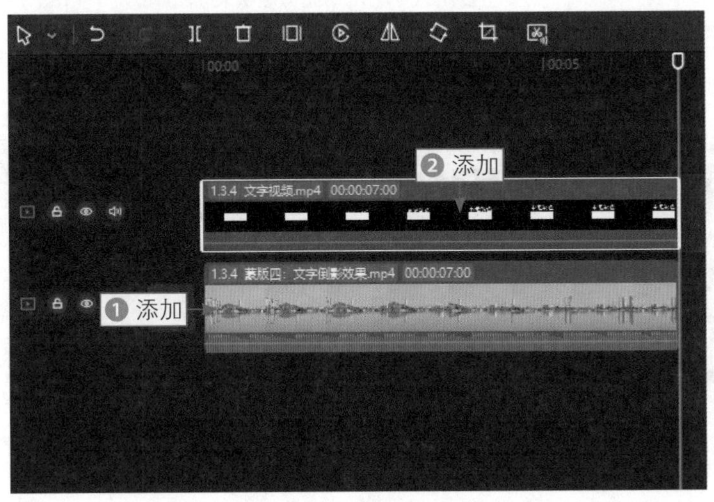

图 1-107　添加两段视频

步骤 08 选择文字视频，在“画面”操作区中，设置“混合模式”为“滤色”模式，如图1-108所示。

步骤 09 在“蒙版”选项卡中，❶选择“线性”蒙版；❷在“播放器”窗口中调整蒙版位于文字下方，如图1-109所示，呈现文字从水面上升的效果。

图 1-108　设置混合模式

图 1-109　调整蒙版的位置

★专家提醒★

在“混合模式”下拉列表中，一共有“正常”“变亮”“滤色”“变暗”“叠加”“强光”“柔光”“颜色加深”“线性加深”“颜色减淡”“正片叠底”11 种混合模式，其中“变亮”和“滤色”混合模式一样，可以去除暗色或黑色背景的文字和画面；“变暗”和“正片叠底”混合模式则与之相反，可以去除亮色或白色背景的文字和画面。

步骤 10 复制文字视频并粘贴在第 2 条画中画轨道中，❶单击“镜像”按钮；❷连续单击“旋转”按钮两次，将文字视频旋转 180°，如图 1-110 所示。

步骤 11 在“播放器”窗口中，调整文字视频的位置，使文字呈现上下对称的效果，如图1-111所示。

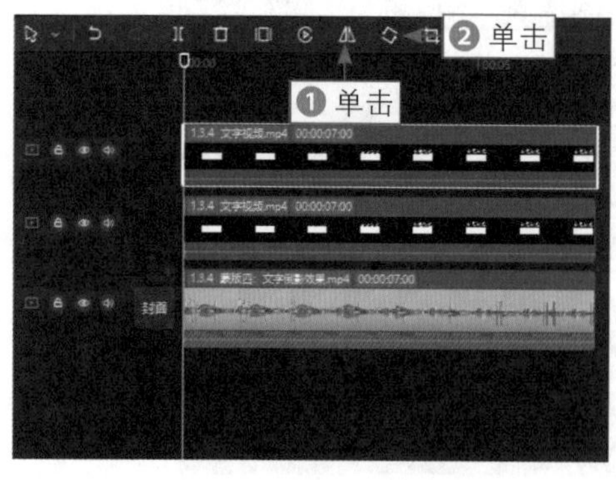

图 1-110　单击“旋转”按钮两次

图 1-111　调整文字视频的位置

步骤 12 在“画面”操作区中，设置“不透明度”参数为45%，使倒影更加真实，如图1-112所示。

图 1-112　设置“不透明度”参数

1.3.5　蒙版五：制作方块开场效果

扫码看教学视频

扫码看成品效果

【效果展示】：运用“矩形”蒙版可以将视频画面分割成多个方块，为这些方块添加相应的动画，就可以制作出方块开场视频，效果如图1-113所示。

图 1-113　效果展示

下面介绍在电脑版剪映中运用蒙版制作方块开场效果的操作方法。

步骤 01 在视频轨道中添加一段视频素材，❶在视频素材上单击鼠标右键；❷在弹出的快捷菜单中，选择“分离音频”命令，如图1-114所示，分离出视频的声音。

步骤 02 ❶选择分离出来的音频；❷单击“自动踩点”按钮，如图1-115所示。

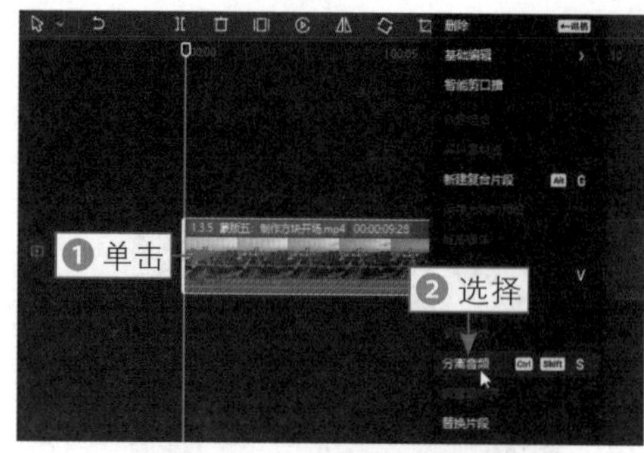

图 1-114　选择“分离音频”命令

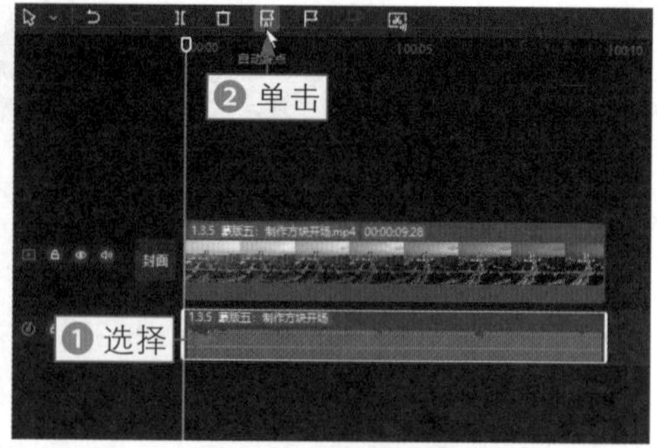

图 1-115　单击“自动踩点”按钮

步骤 03 选择“踩节拍Ⅱ”选项，如图1-116所示。稍等片刻，即可根据音乐鼓点生成节拍点。

步骤 04 ❶选择视频素材；❷拖曳时间轴至第5个节拍点的位置；❸单击“分割”按钮，如图1-117所示。

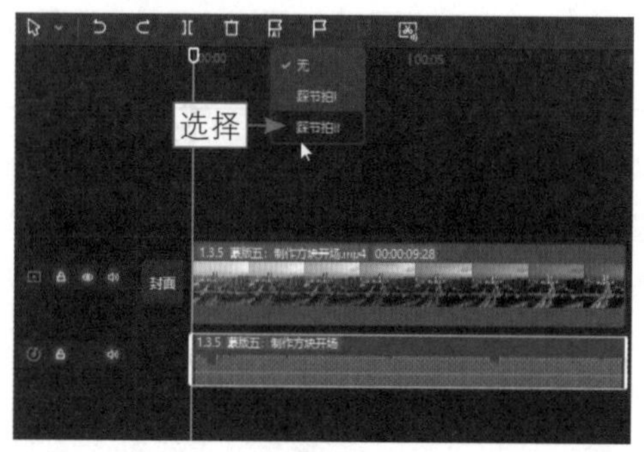

图 1-116　选择“踩节拍Ⅱ”选项

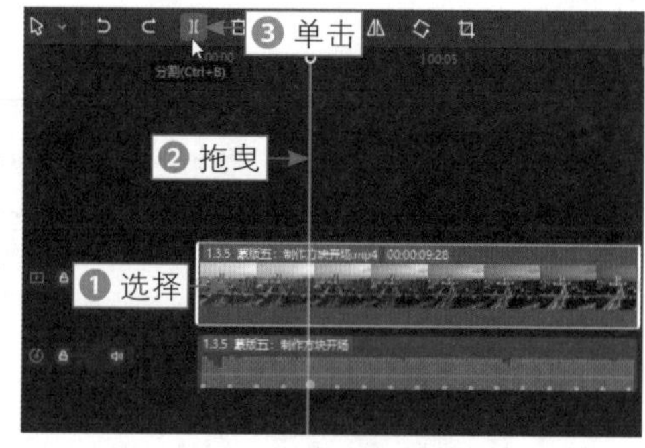

图 1-117　单击“分割”按钮

步骤 05 选择分割出来的第 1 段视频素材，在“画面”操作区的“蒙版”选项卡中，❶选择“矩形”蒙版；❷向上微微拖曳按钮，为蒙版添加圆角效果，如图 1-118 所示。

步骤 06 在“播放器”窗口中调整蒙版的大小和位置，如图1-119所示。

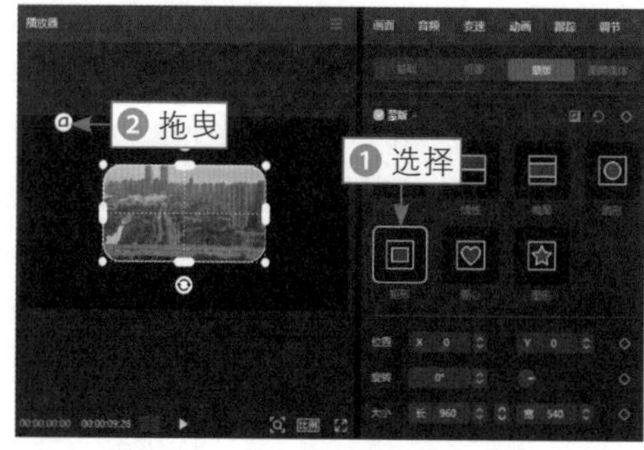

图 1-118　为蒙版添加圆角效果

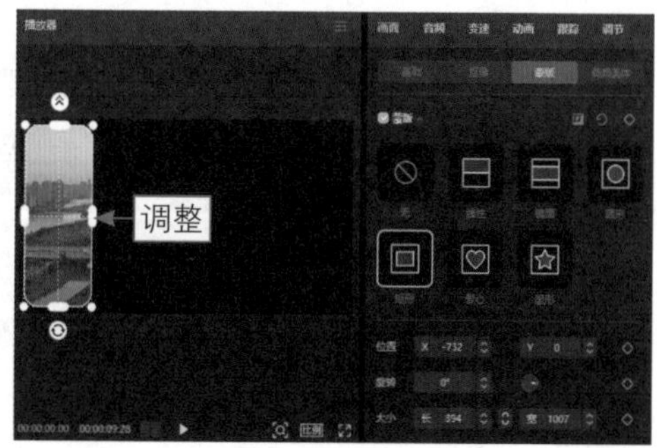

图 1-119　调整蒙版的大小和位置（1）

步骤 07 按【Ctrl+C】组合键和【Ctrl+V】组合键进行复制和粘贴，添加一个画中画素材，如图 1-120 所示，这个操作可以将视频素材的蒙版效果一并复制。

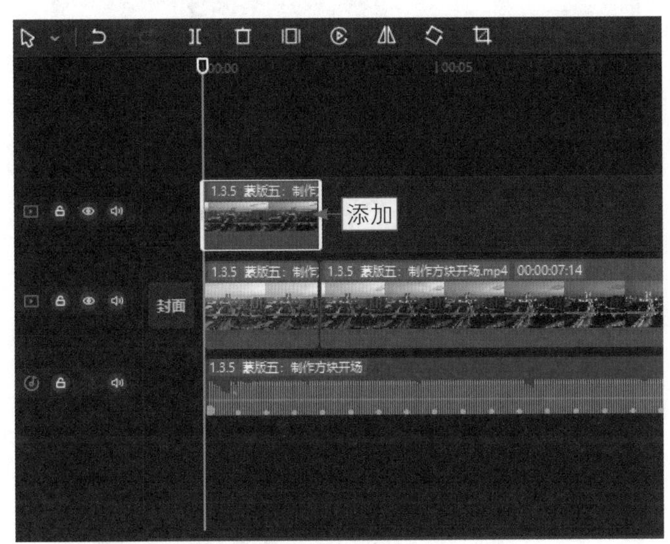

图 1-120 添加一个画中画素材

步骤 08 在“播放器”窗口中，调整画中画轨道中素材的蒙版位置和大小，如图1-121所示，在摆放位置时，尽量保持画面与前面的视频画面是有连接的。

步骤 09 用同样的方法，再在每条画中画轨道中添加3段素材，并依次调整每段素材的蒙版大小和位置，效果如图1-122所示。

图 1-121 调整蒙版的大小和位置（2）

图 1-122 调整每段素材的蒙版大小和位置

步骤 10 选择第1条画中画轨道中的视频素材，在“动画”操作区中，❶选择“向右下甩入”动画；❷设置动画时长为0.2s，如图1-123所示。

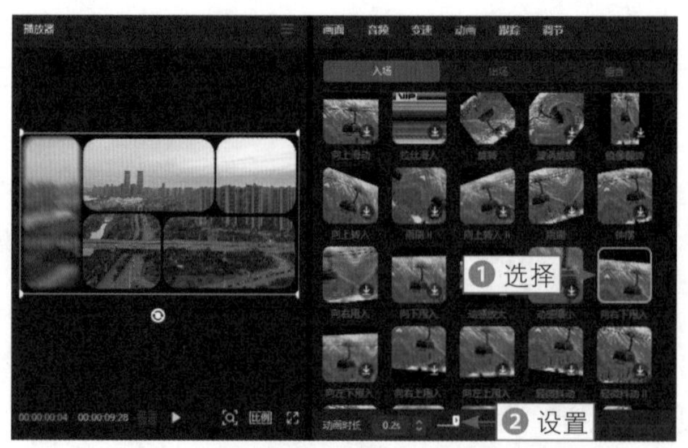

图 1-123　设置动画时长

步骤 11 用同样的方法，为剩下的4条画中画轨道中的素材添加“向右下甩入”动画，并设置动画时长为0.2s，效果如图1-124所示。

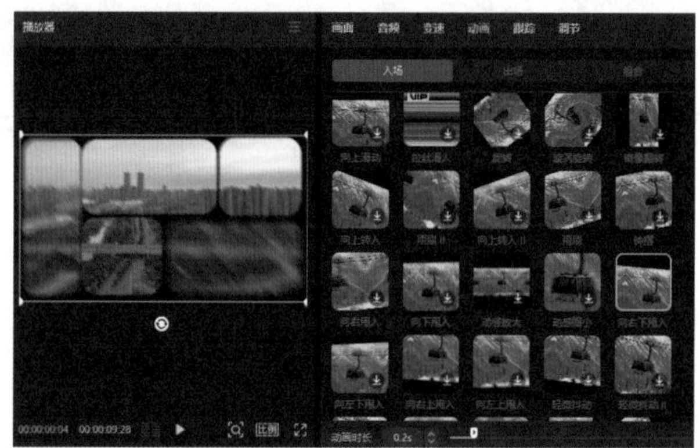

图 1-124　设置其他的动画时长

步骤 12 调整4条画中画轨道中素材的位置和持续时长，如图1-125所示。

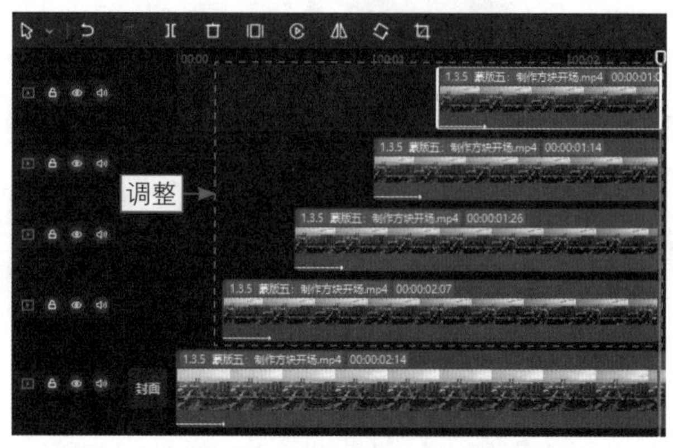

图 1-125　调整 4 条画中画轨道中素材的位置和持续时长

1.3.6　蒙版六：滚动谢幕片尾

扫码看教学视频

扫码看成品效果

【效果展示】：滚动谢幕片尾是指运用“蒙版”功能在片尾画面的右侧或左侧制作出颜色渐变的羽化晕染画面，片尾谢幕则从渐变画面中从下向上滚动，效果如图1-126所示。

图 1-126　效果展示

下面介绍在电脑版剪映中运用蒙版制作滚动谢幕片尾的操作方法。

步骤 01 在电脑版剪映中，添加一段视频到视频轨道中，拖曳时间轴至1s的位置。在“画面”操作区的“蒙版”选项卡中，❶选择“线性”蒙版；❷在“播放器”窗口中调整蒙版的角度、位置和羽化效果；❸点亮“位置”右侧的关键帧◆，如图1-127所示。

步骤 02 拖曳时间轴至视频开始的位置，在“播放器”窗口中，调整蒙版至画面的最右侧，如图1-128所示，此时“位置”关键帧会自动点亮，制作画面蒙版渐变效果。

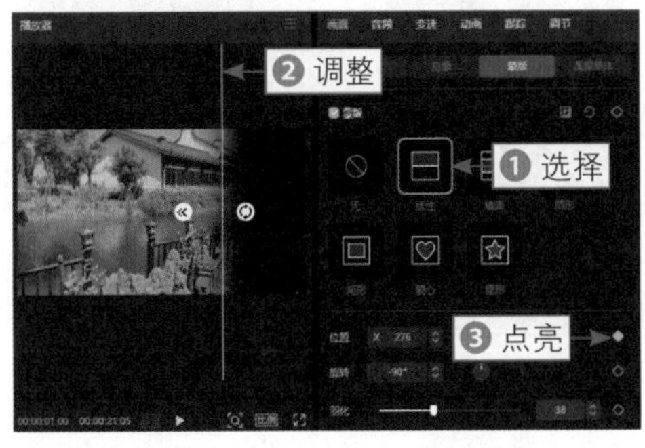

图 1-127　点亮“位置”右侧的关键帧

图 1-128　调整蒙版至画面的最右侧

步骤 03 执行操作后，切换至“基础”选项卡，设置一个背景颜色（尽量选择与视频内容或者与人物服饰相近的颜色），如图1-129所示，执行操作后，即可使渐变的黑色改成与视频画面更加协调的颜色。

步骤 04 新建一个文本，调整其显示时长与视频素材的时长一致。在“文本”操作区中，❶输入片尾谢幕内容，并设置文本的“颜色”为黑色；❷设置“字间距”参数为5、“行间距”参数为18；❸设置“缩放”参数为30%，使字幕刚好置于渐变画面中，如图1-130所示。

图 1-129　设置一个背景颜色

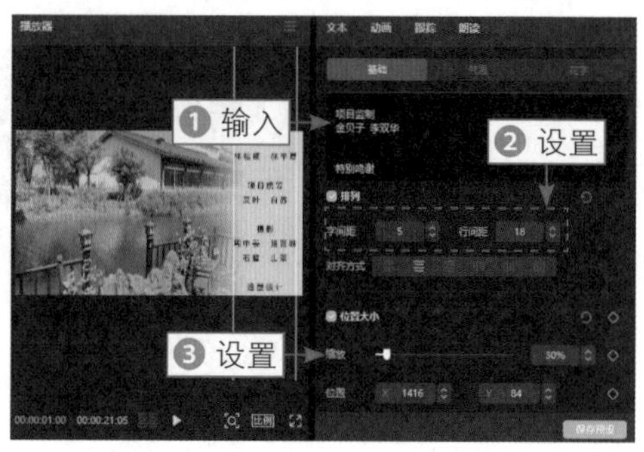

图 1-130　设置“缩放”参数

步骤 05 拖曳时间轴至00:00:01:00的位置，在“基础”选项卡中，❶点亮“位置”关键帧◆；❷在“播放器”窗口中将文本垂直向下移出画面，如图1-131所示。

步骤 06 执行操作后，拖曳时间轴至00:00:18:00的位置，❶在“播放器”窗口中将文本垂直向上移出画面；❷自动点亮“位置”关键帧◆，如图1-132所示，制作字幕从下往上滚动效果。

图 1-131　将文本垂直向下移出画面

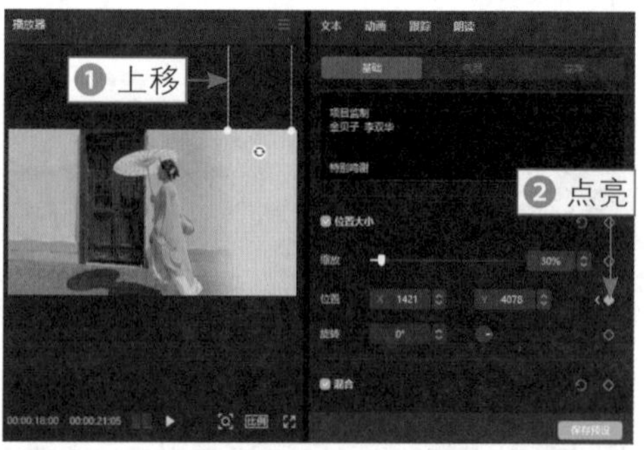

图 1-132　自动点亮“位置”关键帧（1）

步骤 07 ❶拖曳时间轴至00:00:14:00的位置；❷在画中画轨道中添加一张广告商的图标图片素材，并调整其结束位置与视频的结束位置对齐，如图1-133所示。

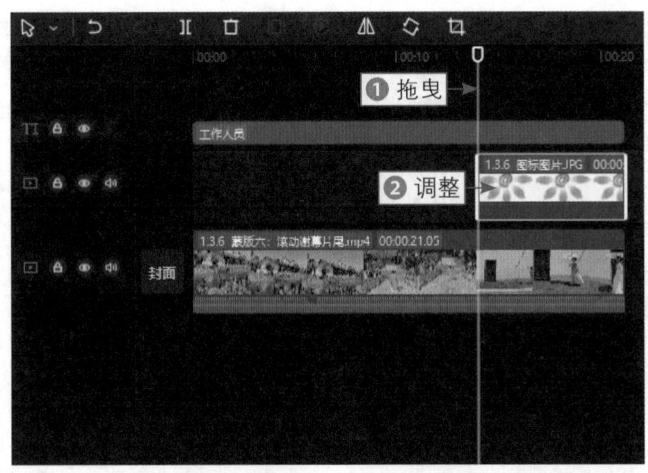

图 1-133　添加图片并调整其结束位置

步骤 08 在“画面”操作区的“基础”选项卡中，❶设置“缩放”参数为45%；❷在“播放器”窗口中将图片移至渐变画面的下方；❸点亮“位置”关键帧◆，如图1-134所示。

步骤 09 执行上述操作后，拖曳时间轴至视频的末尾位置，❶在“播放器”窗口中将图片垂直向上移出画面；❷自动点亮“位置”关键帧◆，如图1-135所示，从而完成滚动谢幕片尾的制作。

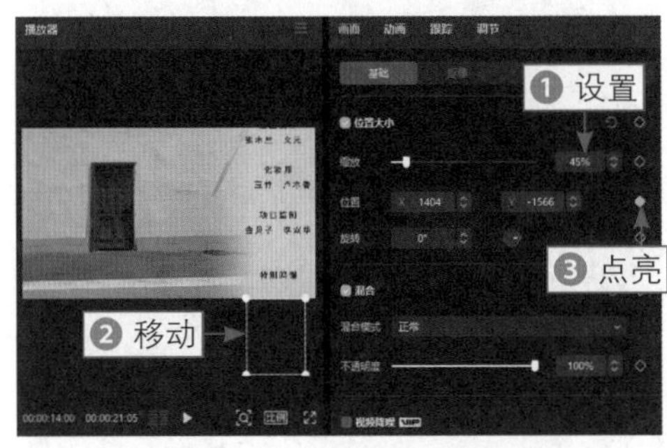

图 1-134　点亮“位置”关键帧

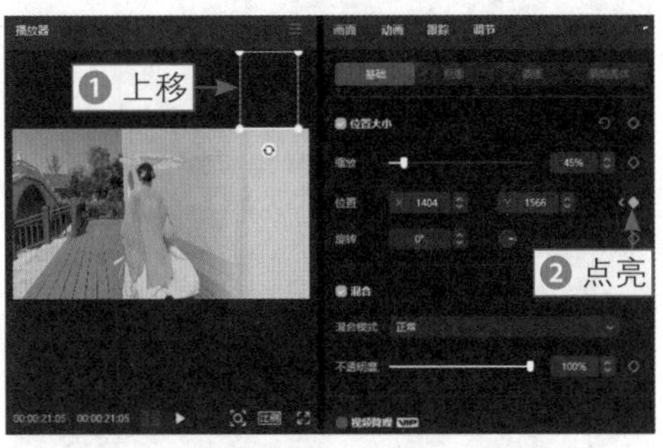

图 1-135　自动点亮“位置”关键帧（2）

1.3.7　蒙版七：缩放相框效果

【效果展示】：制作缩放相框效果只需一张照片，在剪映中可以使用蒙版和缩放动画制作此效果，画面看上去就像有许多扇门一样，给人一种神奇的视觉感受，效果如图1-136所示。

扫码看教学视频

扫码看成品效果

图 1-136　效果展示

下面介绍在电脑版剪映中运用蒙版制作缩放相框效果的操作方法。

步骤 01 在剪映中导入1张照片素材和1段音乐素材，如图1-137所示。

步骤 02 将照片素材添加到视频轨道中，如图1-138所示，调整其显示时长为3s。

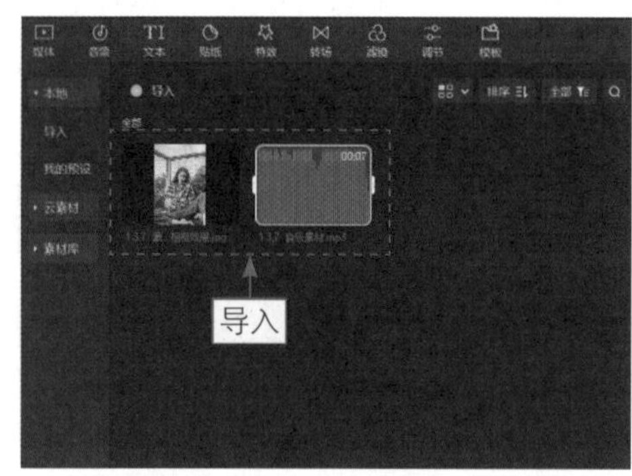

图 1-137　导入照片素材和背景音乐素材

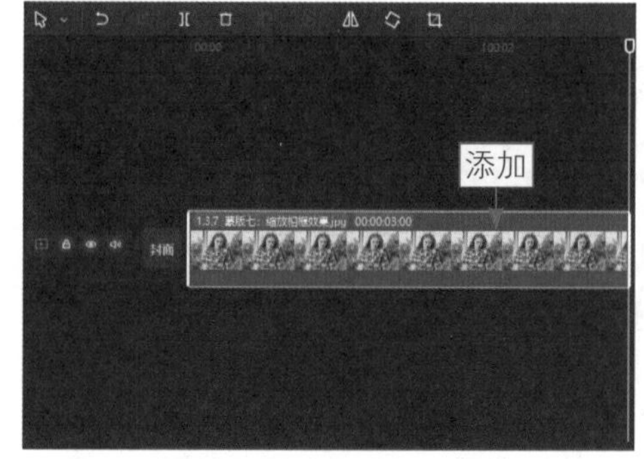

图 1-138　将照片素材添加到视频轨道中

步骤 03 选择轨道中的素材，在“画面”操作区的“蒙版”选项卡中，❶选择“矩形”蒙版；❷单击“反转”按钮，如图1-139所示。

步骤 04 在预览窗口中调整蒙版的大小和位置，如图1-140所示。

步骤 05 选择视频素材，按【Ctrl+C】组合键和【Ctrl+V】组合键进行两次复制和粘贴操作，❶将其中一个粘贴在视频轨道第1个素材的后面；❷将另一个粘贴在画中画轨道的开始位置，如图1-141所示。

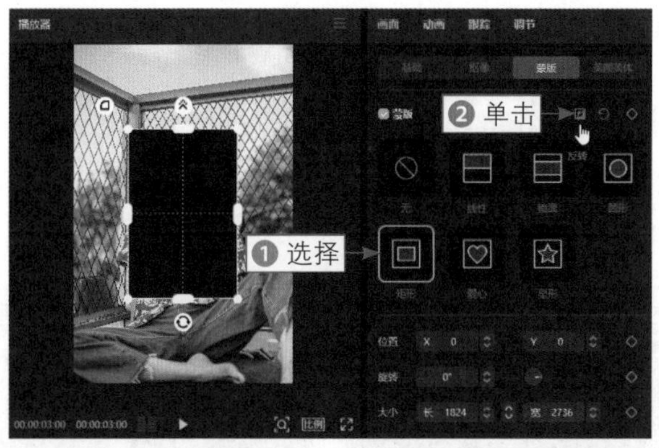

图 1-139　单击“反转”按钮（1）

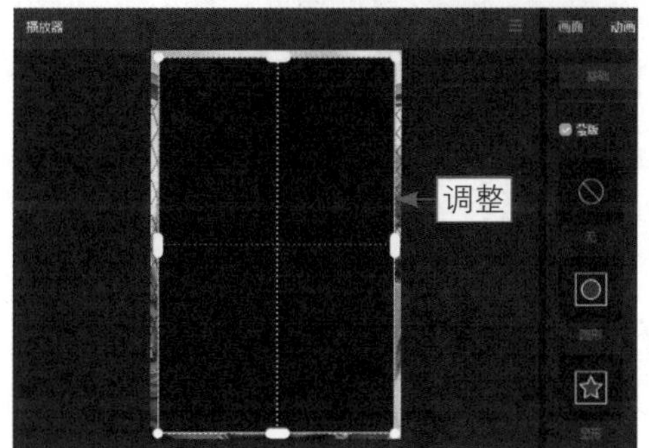

图 1-140　调整蒙版的大小和位置

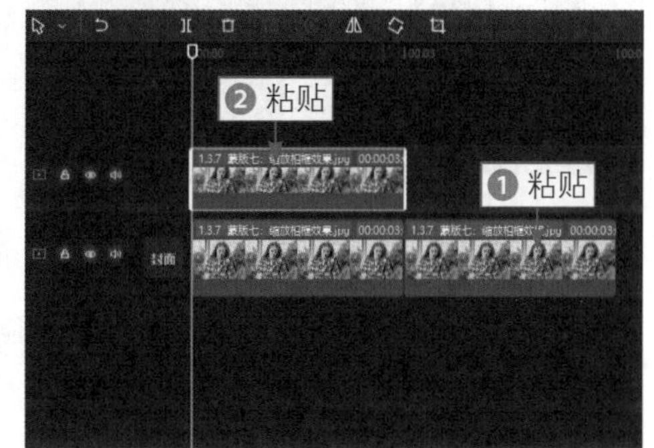

图 1-141　复制并粘贴两个素材

步骤 06 选择画中画轨道素材，在“播放器”窗口中调整其大小和位置，如图 1-142 所示。

步骤 07 选择第 1 条画中画轨道中的第 1 个素材，按【Ctrl+C】组合键和【Ctrl+V】组合键进行两次复制和粘贴操作，❶ 将其中一个粘贴在第 1 条画中画轨道中第 1 个素材的后面；❷ 将另一个粘贴在第 2 条画中画轨道的开始位置，如图 1-143 所示。

图 1-142　调整画中画轨道素材的大小和位置

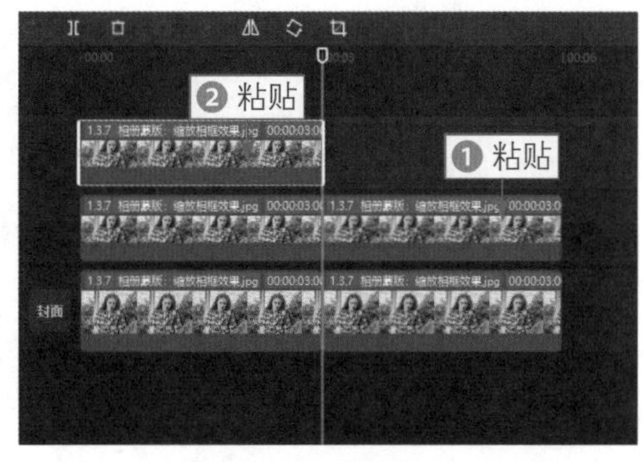

图 1-143　复制并粘贴画中画轨道中的素材

步骤08 执行操作后，在“播放器”窗口中，调整第2条画中画轨道中素材的大小和位置，如图1-144所示。

步骤09 用同样的操作方法，继续复制、粘贴并调整素材，增加3条画中画轨道，增加的画中画轨道越多，制作出来的效果更好。选择第5条画中画轨道中的第1个素材，如图1-145所示。

图1-144　调整第2条画中画轨道中素材的大小与位置

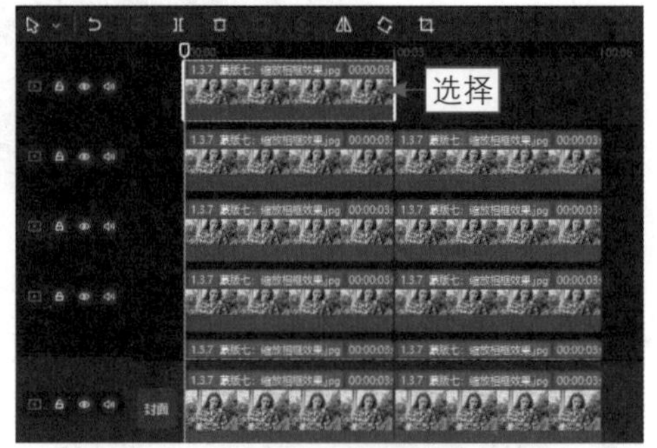

图1-145　选择第5条画中画轨道中的素材

步骤10 在“画面”操作区的“蒙版”选项卡中，单击“反转”按钮，如图1-146所示，将蒙版反转，显示照片。

步骤11 在“播放器”窗口中，可以查看蒙版反转效果，如图1-147所示。

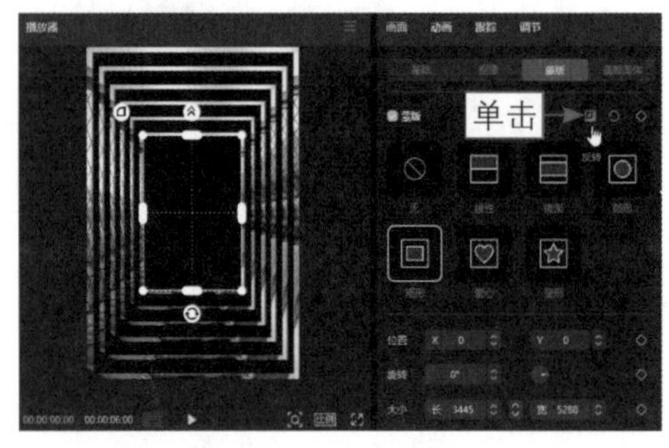

图1-146　单击“反转”按钮（2）

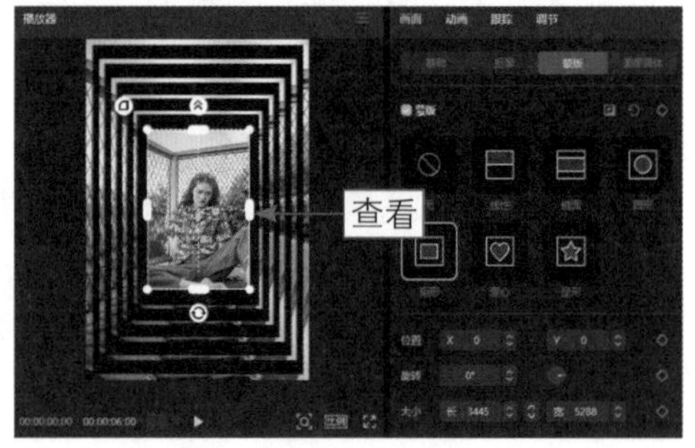

图1-147　查看蒙版反转效果

步骤12 执行上述操作后，复制第5条画中画轨道中的第1个素材，并将其粘贴至素材后面，如图1-148所示。

步骤13 选择视频轨道中的第1个素材，在“动画”操作区的“入场”选项卡中，❶选择“放大”选项；❷设置“动画时长”参数为0.5s，如图1-149所示。

步骤14 用同样的方法，依次为5条画中画轨道中的第1个素材添加“放大”入场动画，设置“动画时长”参数逐层累加0.5s，第5条画中画轨道中第1个素材的“动画时长”参数最大，效果如图1-150所示。

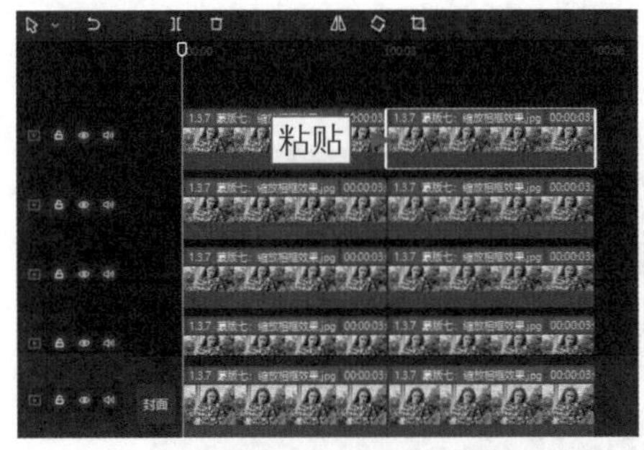

图 1-148　复制并粘贴第 5 条画中画轨道中的素材

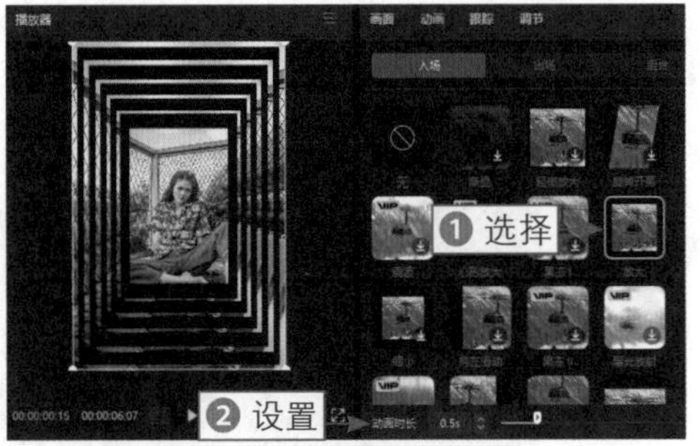

图 1-149　设置“动画时长”参数（1）

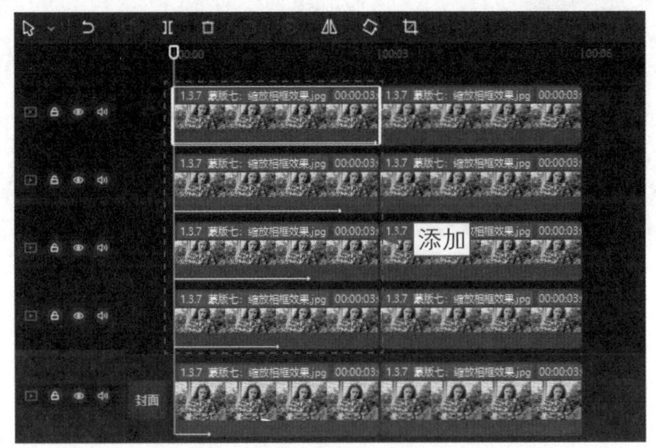

图 1-150　为轨道中的第 1 个素材添加动画效果

步骤 15 选择视频轨道中的第2个素材，在“动画”操作区的“出场”选项卡中，❶选择“缩小”选项；❷设置“动画时长”参数为0.5s，如图1-151所示。

步骤 16 用同样的方法，依次为5条画中画轨道中的第2个素材添加“缩小”出场动画，并设置“动画时长”参数逐层累加0.5s，第5条画中画轨道中第2个素材的“动画时长”参数最大，如图1-152所示。

图 1-151　设置“动画时长”参数（2）

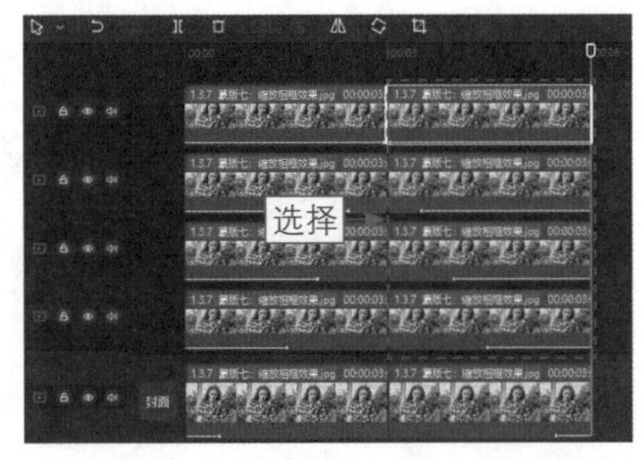

图 1-152　为轨道中的第 2 个素材添加动画效果

步骤 17 在音频轨道中添加背景音乐，如图1-153所示。在“播放器”窗口中播放视频，即可查看制作的视频效果。

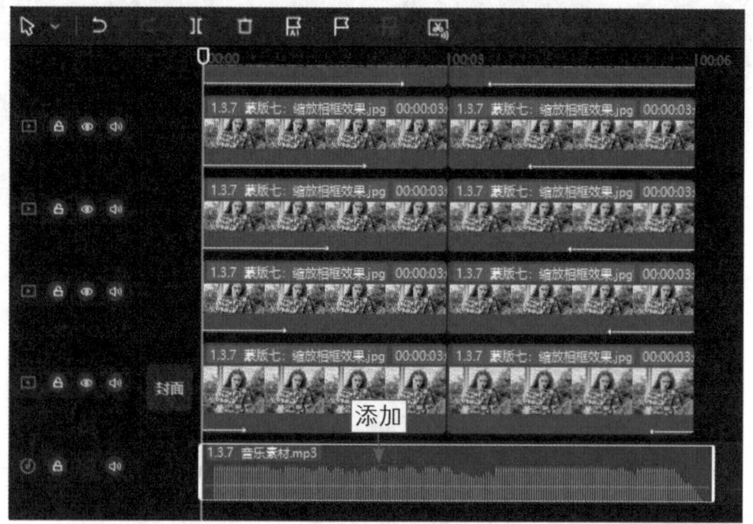

图 1-153 添加背景音乐

第 2 章

12 种用法，玩转关键帧

本章要点：

关键帧可以理解为运动的起始点或者转折点，通常一个动画最少需要两个关键帧才能完成，第1个关键帧的参数会根据设置，慢慢变为第2个关键帧的相关参数，从而形成运动效果。本章将介绍关键帧的12种用法，分为电脑版和手机版，让大家熟练掌握关键帧操作，并融会贯通。

2.1 认识关键帧

电脑版剪映的关键帧按钮主要在操作区中，而手机版剪映中的关键帧则是处于时间线刻度上方的。当然，其功能都是相通的。在学习关键帧的用法之前，我们要先对关键帧有个大致的了解。

2.1.1 关键帧的概念

帧是指动画中最小单位的单幅影像画面，相当于度量尺上的刻度，一帧表示一格画面。关键帧则是指角色或者物体在运动或变化过程中关键动作所处的那一帧。

在剪映中，无论是电脑版还是手机版，都有关键帧功能。以电脑版剪映为例，关键帧分布在“画面”“音频”“调节”操作区中。当需要运用关键帧时，通过拖曳时间轴，调整相应的参数并点亮右侧的菱形标志即可。如图2-1所示为电脑版剪映中“画面”功能区的关键帧。

图 2-1 电脑版剪映中“画面”功能区的关键帧

2.1.2 关键帧的作用

无论是在手机版剪映中，还是在电脑版剪映中，关键帧最直接的作用都是调整画面的位置、大小和方向。

以利用照片制作动态相册为例，运用关键帧可以让多张照片以不同的大小和方向出现，以此表现出动感；再比如，在影视剪辑中，运用关键帧可以将人物情绪饱满的画面进行放大，从而调动观众的情绪感染力。

从视频效果来看，运用关键帧可以利用静态的照片制作动态的视频、让歌词逐字逐句显示、增加片头片尾的丰富度、实现文字颜色渐变效果、制作无缝转场效果、为视频添加移动水印等。

总的来说，关键帧可以有运镜关键帧、运动关键帧、文字关键帧、转场关键帧、片头关键帧、片尾关键帧等不同的玩法。

2.2 手机版剪映关键帧的6种用法

在手机版剪映中，关键帧按钮以◇符号的形式出现，拖曳时间轴至相应位置，点击该按钮即可添加关键帧。本节将介绍在手机版剪映App中关键帧的6种玩法，以视频剪辑高手为导向，为大家提供关键帧的使用方法详解和剪辑思路。

2.2.1 用法一：照片变视频

扫码看教学视频　扫码看成品效果

【效果展示】：在剪映中运用关键帧功能可以将横版的全景照片变为动态的竖版视频，方法非常简单，效果如图2-2所示。

图 2-2　效果展示

下面介绍在手机版剪映中制作照片变视频效果的操作方法。

步骤 01 在剪映App中，❶导入全景照片并调整显示时长为20s；❷点击“比例”按钮，如图2-3所示。

步骤 02 在比例工具栏中，选择9：16选项，如图2-4所示。

步骤 03 ❶选择素材；❷在视频起始位置点击◇按钮添加关键帧；❸调整照片的画面大小和位置，使照片的最左边位置为视频的起始位置，如图2-5所示。

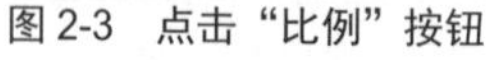

图 2-3 点击“比例”按钮

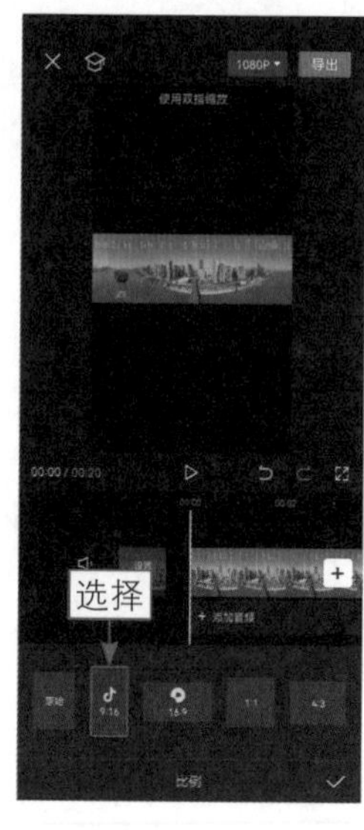

图 2-4 选择 9 ∶ 16 选项

图 2-5 调整照片的画面大小和位置

步骤 04 ❶拖曳时间轴至视频末尾；❷调整照片的位置，使其最右边位置为视频的末尾，如图2-6所示。

步骤 05 为视频添加合适的背景音乐，并调整音乐的时长，效果如图2-7所示。

图 2-6 调整照片的大小和位置

图 2-7 添加背景音乐

2.2.2 用法二：歌词逐字显示

扫码看教学视频

扫码看成品效果

【效果展示】：在剪映中运用关键帧和添加“卡拉OK”动画可以制作出歌词逐字显示的效果，效果展示如图2-8所示。

图 2-8 效果展示

下面介绍在手机版剪映中制作歌词逐字显示效果的操作方法。

步骤 01 在剪映中新建一个草稿文件，❶导入视频素材；❷点击“文字”按钮，如图2-9所示。

步骤 02 进入二级工具栏，点击“识别歌词”按钮，如图2-10所示。

步骤 03 在“识别歌词”界面中，点击“开始匹配”按钮，如图2-11所示，稍等片刻即可生成歌词文本。

图 2-9 点击“文字”按钮

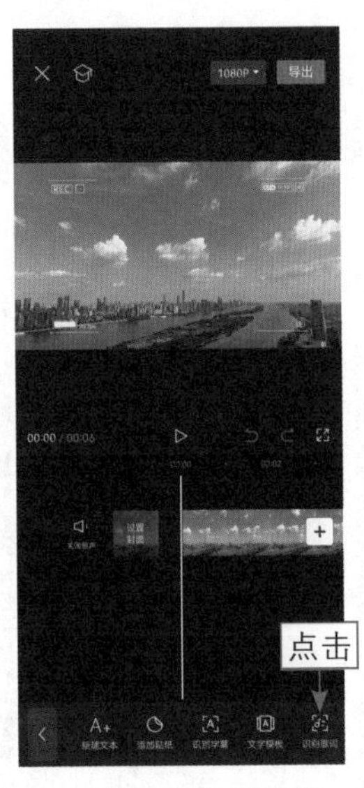

图 2-10 点击“识别歌词”按钮

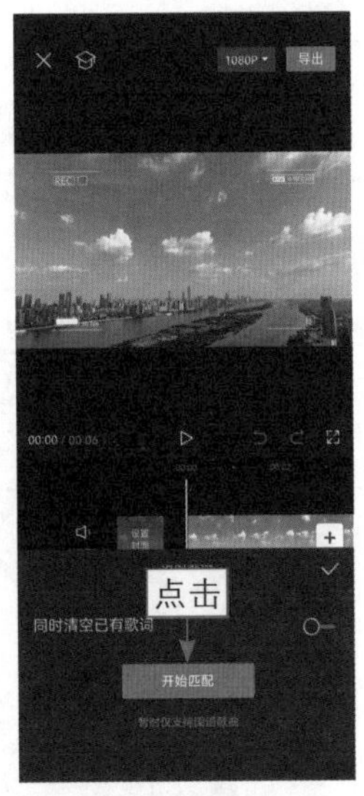

图 2-11 点击“开始匹配”按钮

步骤 04 ❶将第2句歌词文本平移至第2条字幕轨道中；❷调整第1句歌词文

本的时长，使其结束位置与视频的结束位置对齐，如图2-12所示。

步骤 05 ❶选择第1句歌词文本；❷点击“批量编辑”按钮，如图2-13所示。

步骤 06 执行操作后，点击“选择”按钮，❶选中“全选”复选框；❷点击“编辑样式”按钮，如图2-14所示。

图 2-12 调整歌词文本的时长

图 2-13 点击“批量编辑”按钮

图 2-14 点击“编辑样式”按钮

步骤 07 在“字体”选项卡中，选择一款字体，如图2-15所示。

步骤 08 ❶ 切换至“样式”选项卡；❷ 设置“字号”参数为10，如图2-16所示。

图 2-15 选择一款字体

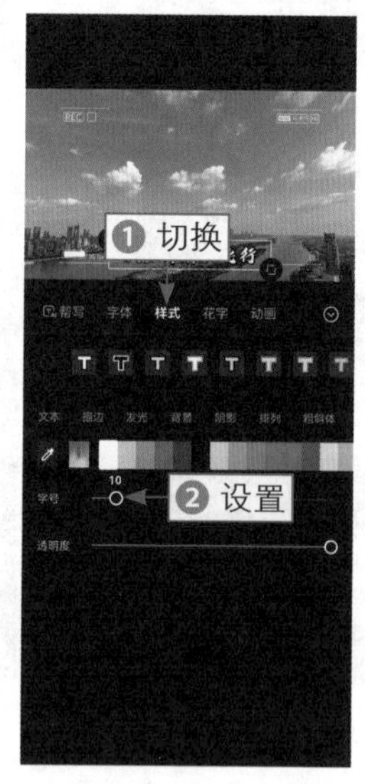

图 2-16 设置“字号”参数

步骤 09 在“排列”选项区中设置“字间距”参数为4，如图2-17所示。

步骤 10 ❶选择第1句歌词；❷点击“动画”按钮，如图2-18所示。

图 2-17　设置“字间距”参数

图 2-18　点击“动画”按钮

步骤 11 在“动画”选项卡中，❶选择“卡拉OK”入场动画；❷选择淡黄色块，使文字动画覆盖时呈黄色；❸调整动画时长为2.5s，如图2-19所示。

步骤 12 用同样的方法为第2句歌词设置相同的动画和色块，如图2-20所示，默认动画时长为最长。

图 2-19　调整动画时长

图 2-20　设置相同的动画和色块

步骤 13 ❶ 返回上一级面板并拖曳时间轴至第 1 句歌词动画结束的位置；❷ 选择第 1 句歌词；❸ 点击关键帧◇按钮，如图 2-21 所示，添加一个关键帧。

步骤 14 ❶拖曳时间轴至第2句歌词开始的位置；❷将第1句歌词向上移动，如图2-22所示，自动添加第2个关键帧。至此，即可完成歌词逐字显示的制作。

图 2-21　点击相应的按钮

图 2-22　将第 1 句歌词向上移动

2.2.3　用法三：电影开幕片头

扫码看教学视频　扫码看成品效果

【效果展示】：电影开幕片头的制作也应用了关键帧，需要先把文字效果做出来，再将其融合到视频当中，整体效果是黑幕由两边拉下来，然后文字出现的效果，如图2-23所示。

图 2-23　效果展示

下面介绍在手机版剪映中制作电影开幕片头的操作方法。

步骤 01 ❶在剪映App素材库中依次选择白底素材和黑幕素材；❷选中“高清”复选框；❸点击“添加”按钮，如图2-24所示。

步骤 02 复制1段黑幕素材，如图2-25所示。

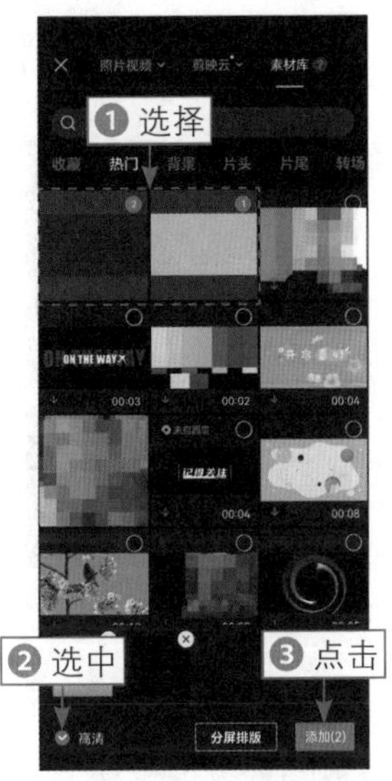

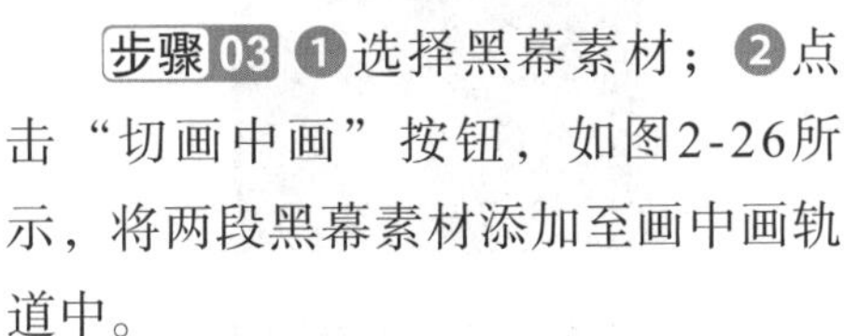

图 2-24　点击“添加”按钮

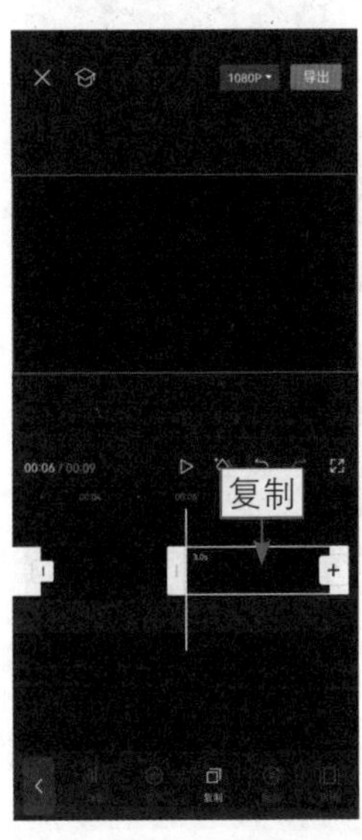

图 2-25　复制 1 段黑幕素材

步骤 03 ❶选择黑幕素材；❷点击“切画中画”按钮，如图2-26所示，将两段黑幕素材添加至画中画轨道中。

步骤 04 调整两条画中画轨道中素材的位置，将视频轨道中素材的位置对齐，并将所有素材时长都调整为7.1s，如图2-27所示。

步骤 05 ❶拖曳时间轴至视频3s左右的位置；❷点击按钮为两段画中画素材添加关键帧；❸调整两段黑幕素材在画面中的位置，露出部分白底素材，如图2-28所示。

步骤 06 ❶拖曳时间轴至视频起

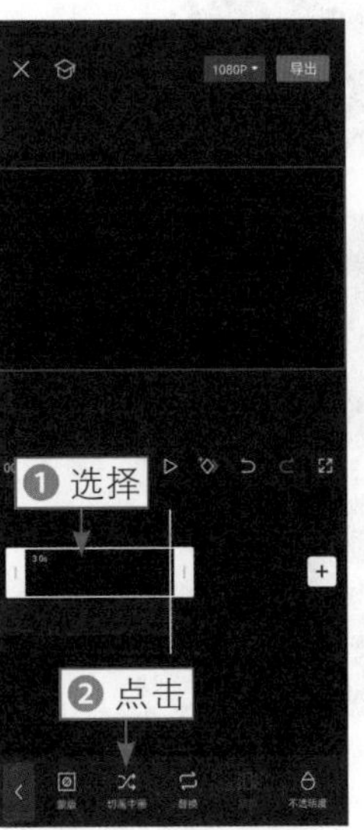

图 2-26　点击“切画中画”按钮

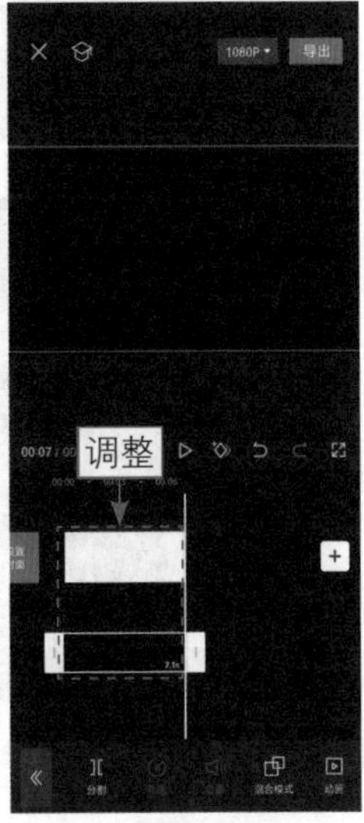

图 2-27　调整所有素材的时长

始位置；❷调整两段黑幕在画面中的位置，露出所有白底素材，如图2-29所示。

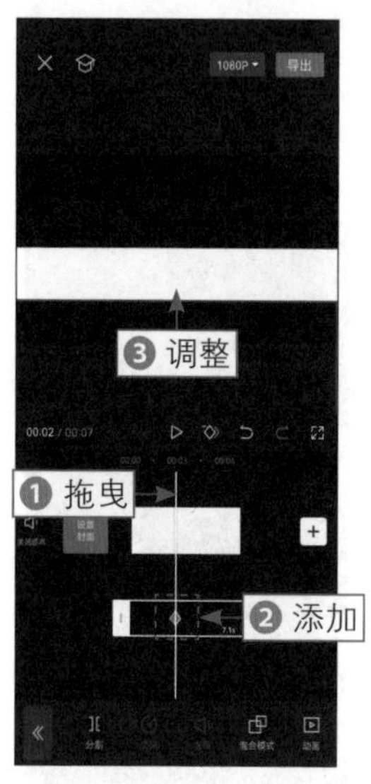

图 2-28　调整两段黑幕素材的位置（1）

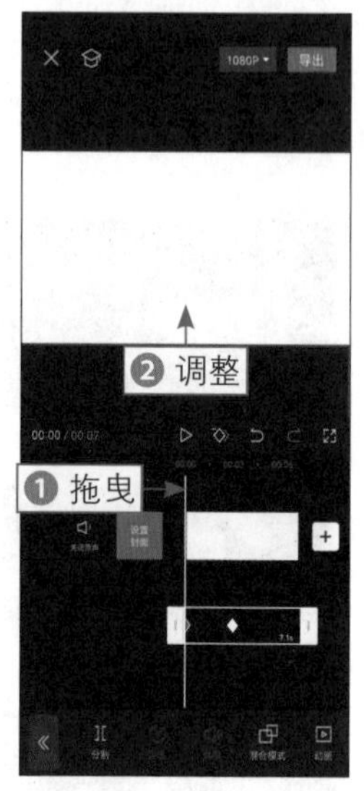

图 2-29　调整两段黑幕素材的位置（2）

步骤 07 ❶拖曳时间轴至视频 3s 的位置；❷点击“文字”按钮，如图 2-30 所示。

步骤 08 进入二级工具栏，点击“新建文本”按钮，如图2-31所示。

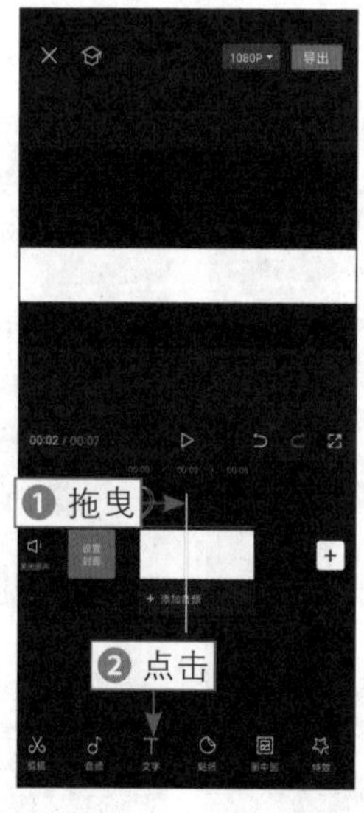

图 2-30　点击“文字”按钮

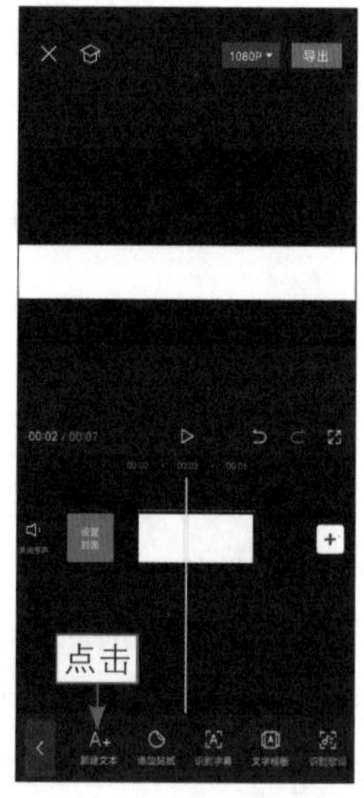

图 2-31　点击“新建文本”按钮

步骤 09 ❶输入文字内容；❷选择合适的字体；❸调整文本的大小和位置，如图2-32所示。

步骤 10 调整文本的时长，使其末尾与视频素材的末尾对齐，点击“复制”按钮，如图2-33所示，复制文本。

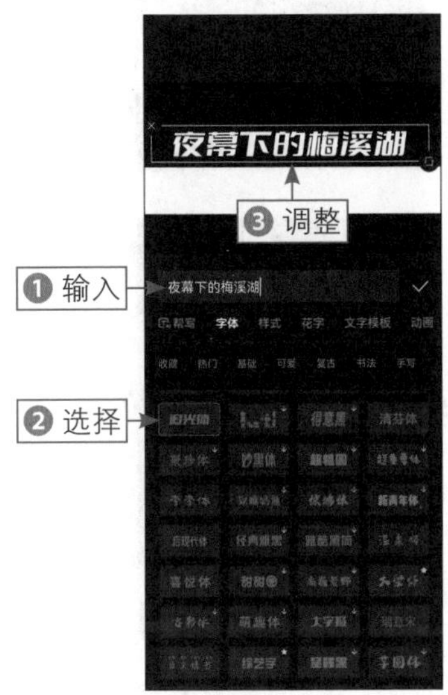

图 2-32　调整文本的大小和位置

图 2-33　点击“复制”按钮

步骤 11 调整复制出来的文本的位置，如图2-34所示。

步骤 12 修改文字内容为英文，如图2-35所示，并适当调整文本的大小。

图 2-34　调整文本的位置

图 2-35　修改文字内容

步骤 13 ❶为两段文本都添加“渐显”入场动画；❷设置动画时长为最长，如图2-36所示。

步骤 14 点击“导出”按钮，如图2-37所示，将文本视频导出备用。

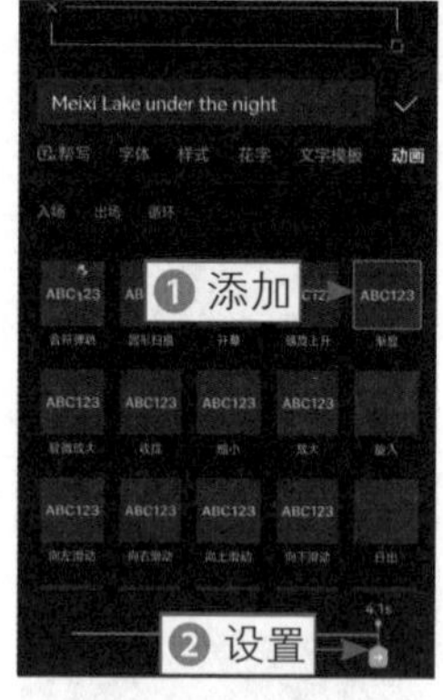

图 2-36 设置动画时长

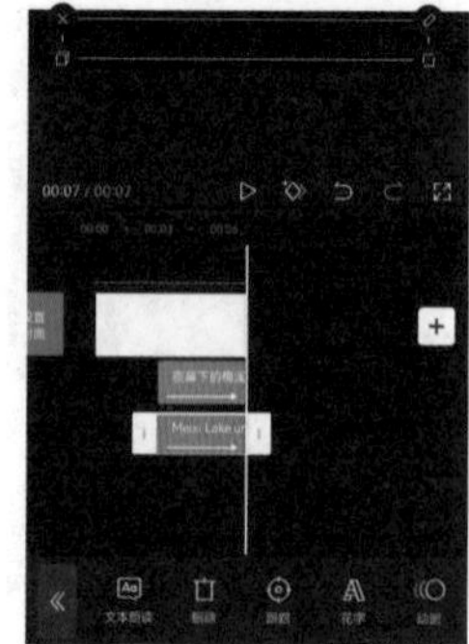

图 2-37 点击“导出”按钮

步骤 15 ❶再次新建一个草稿文件，导入一段背景视频素材；❷依次点击“画中画”按钮和“新增画中画”按钮，如图2-38所示。

步骤 16 ❶添加上一步导出的视频并调整其在画面中的大小；❷点击“混合模式”按钮，如图2-39所示。

图 2-38 点击“新增画中画”按钮

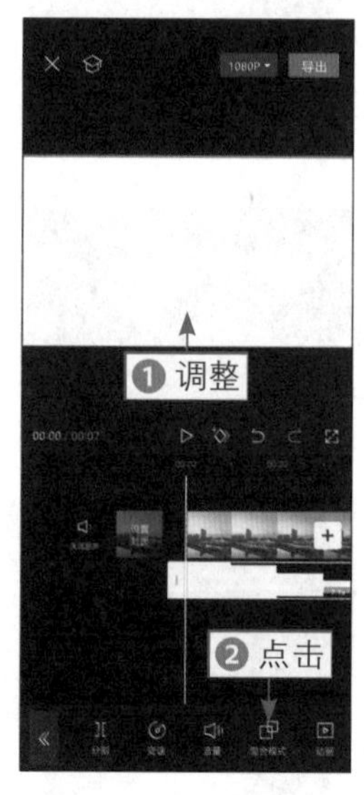

图 2-39 点击“混合模式”按钮

步骤 17 选择“正片叠底”选项，如图2-40所示。

步骤 18 最后添加合适的背景音乐，如图2-41所示，并调整其时长。

图 2-40　选择“正片叠底”选项

图 2-41　添加合适的背景音乐

2.2.4　用法四：双屏谢幕片尾

扫码看教学视频

扫码看成品效果

【效果展示】：左右双屏谢幕片尾是指在电影结束时，影片画面从全屏慢慢缩小，占据屏幕一半，屏幕的另一半则呈黑屏状态，在影片画面停住的时候，黑屏的位置则会显示多组工作人员或演职人员名单，效果如图2-42所示。

图 2-42　效果展示

下面介绍在手机版剪映中制作双屏谢幕片尾的具体操作方法。

步骤 01 在手机版剪映中，将视频添加到视频轨道上，在开始的位置添加第1个关键帧，如图2-43所示。

步骤02 拖曳时间轴至3s的位置，❶调整视频的位置，使其位于画面左侧；❷自动添加第2个关键帧，如图2-44所示。

图2-43 添加第1个关键帧

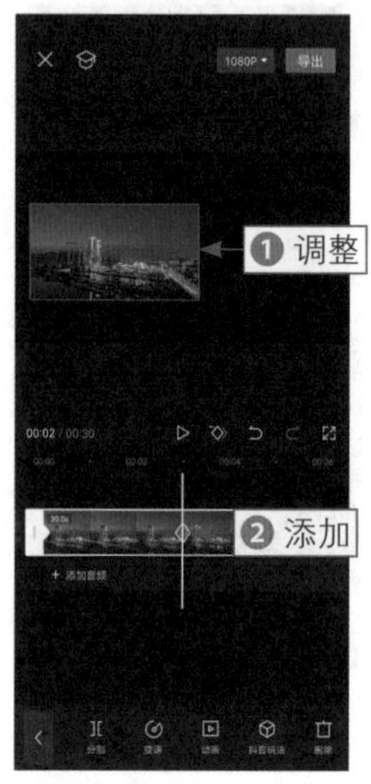

图2-44 添加第2个关键帧

步骤03 新建一个文本，在“文字模板”|“片尾谢幕”选项区中，❶选择一个文字模板；❷修改文本内容，如图2-45所示。

步骤04 ❶在预览区域，调整文本的位置和大小，使其位于画面右侧；❷调整文本的显示时长大致为5s，如图2-46所示。

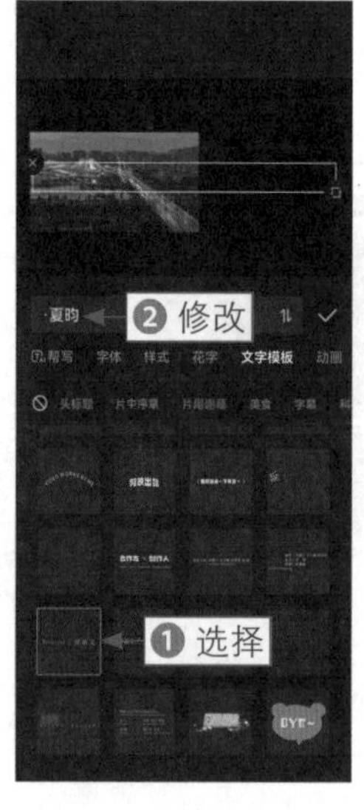

图2-45 修改文本内容（1）

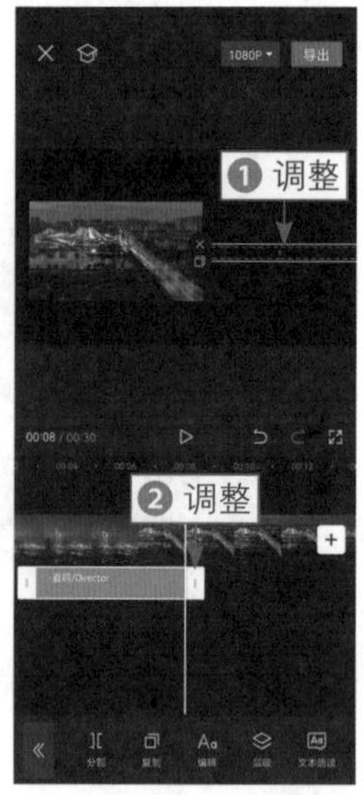

图2-46 调整文本时长（1）

步骤05 点击“文字模板”按钮，再次选择一个介绍主演的文字模板，修改文本内容，如图2-47所示。

步骤06 执行操作后，❶在预览区域，调整文字模板的大小和位置；❷调整其显示时长大致为5s，如图2-48所示。

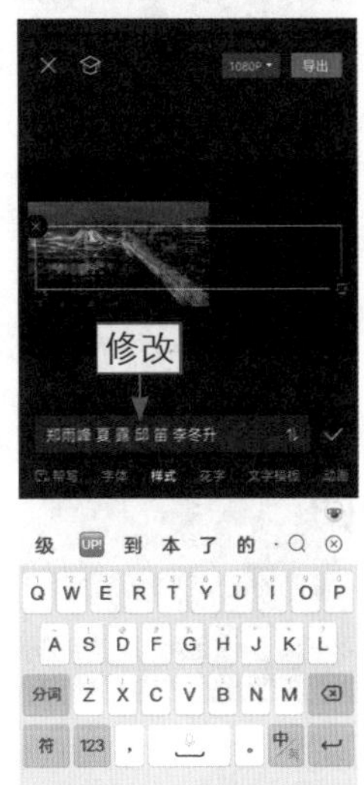

图 2-47 修改文本内容（2）

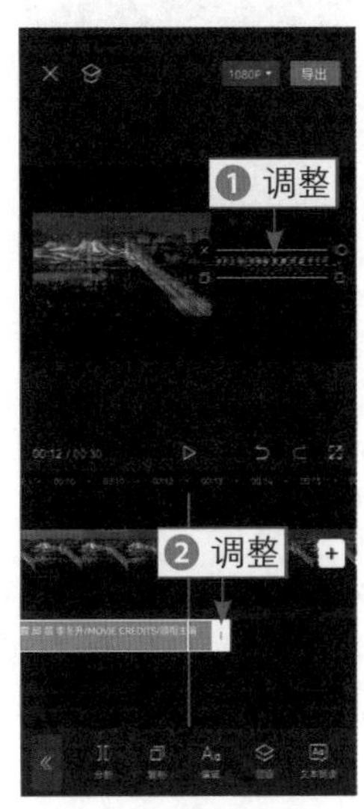

图 2-48 调整文本时长（2）

步骤07 ❶选择第2段文本；❷点击“复制”按钮，如图2-49所示，增加第3段文本。

步骤08 ❶调整第3段文本的位置；❷点击“编辑”按钮，如图2-50所示。

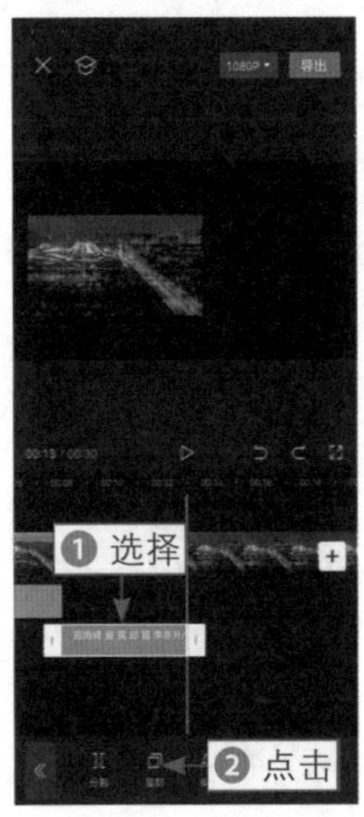

图 2-49 点击“复制”按钮

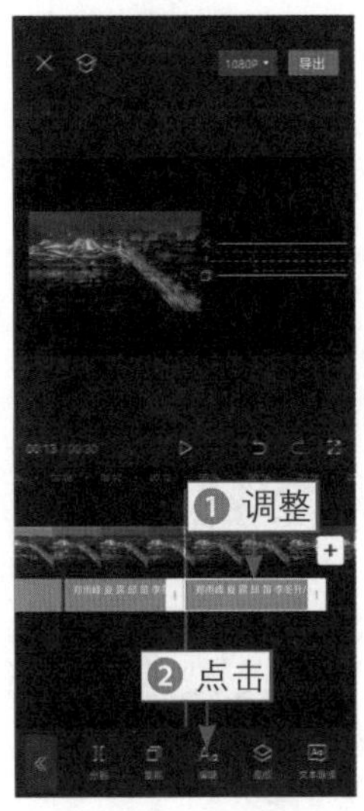

图 2-50 点击“编辑”按钮

步骤09 修改第3段文本的内容，如图2-51所示。

步骤10 用同样的方法，再次选择一个文字模板，并修改文本内容，如图2-52所示，添加第4段文本，在预览区域调整文本的大小和位置。

图2-51 修改文本内容（3）

图2-52 修改文本内容（4）

步骤11 ❶拖曳时间轴至21s左右的位置；❷在视频上添加一个关键帧；❸点击“不透明度”按钮，如图2-53所示。

步骤12 ❶拖曳时间轴至文字结束的位置；❷在“不透明度”面板中拖曳滑块至最左侧，如图2-54所示，制作视频渐隐效果，完成左右双屏谢幕片尾的制作。

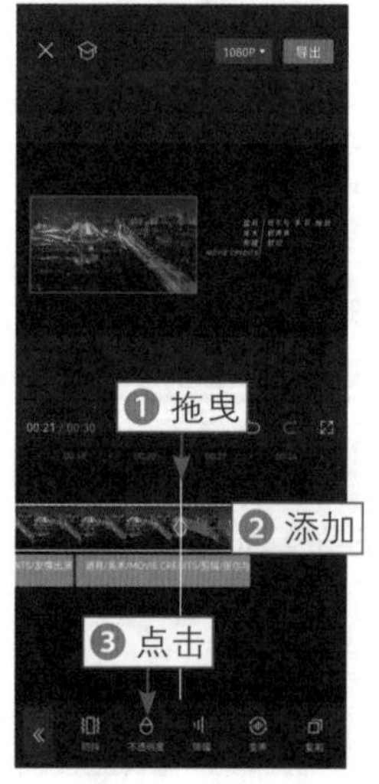

图2-53 点击“不透明度”按钮

图2-54 拖曳滑块

2.2.5 用法五：文字颜色渐变

扫码看教学视频

扫码看成品效果

【效果展示】：如何让文字效果更加酷炫、更加引人注目呢？用户可以在添加好文字后，运用关键帧功能制作出文字颜色渐变效果，如图2-55所示。

图 2-55 效果展示

下面介绍在手机版剪映中制作文字颜色渐变的操作方法。

步骤 01 在剪映中导入一段黑幕素材（时长为3s），点击“文字”按钮，如图2-56所示。

步骤 02 在文字工具栏中点击“新建文本”按钮，❶输入文字内容；❷选择合适的字体（油漆体），如图2-57所示。

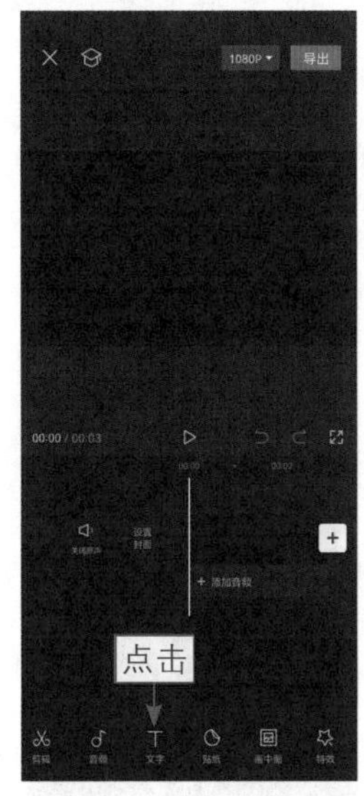

图 2-56 点击“文字”按钮

图 2-57 选择字体

步骤 03 ❶ 切换至“样式”选项卡；❷ 选择合适的文字颜色，如图 2-58 所示。

步骤 04 ❶切换至“动画”选项卡；❷选择“故障打字机”入场动画；❸设置动画时长为1.5s，如图2-59所示。

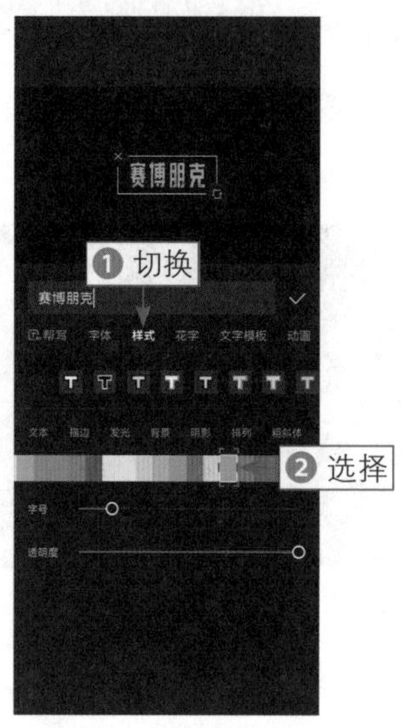

图 2-58　选择文字颜色

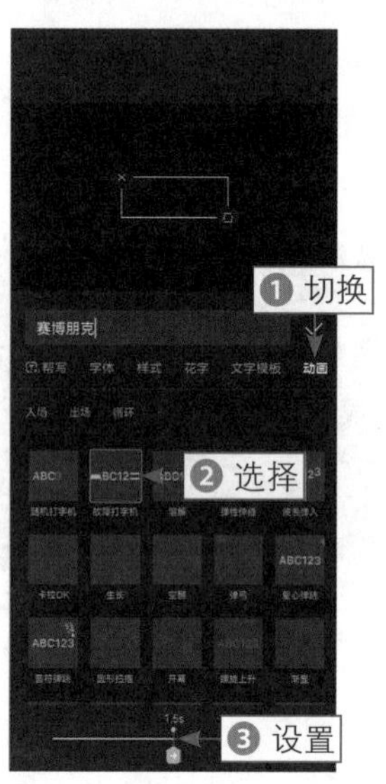

图 2-59　设置动画时长（1）

步骤 05 点击“复制”按钮，复制文字。❶修改复制的文本；❷更改字体，如图2-60所示。

步骤 06 在预览区域调整两段文字的位置和大小，❶选择第1段文字；❷在起始位置点击◇按钮，如图2-61所示，添加关键帧。

图 2-60　更改字体

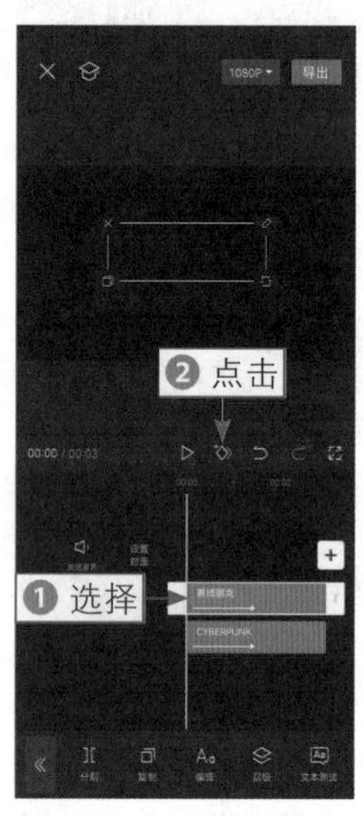

图 2-61　点击相应的按钮

步骤 07 ❶拖曳时间轴至第1段文字结束的位置；❷点击“编辑”按钮，如图2-62所示。

步骤 08 ❶切换至“样式”选项卡；❷更改文字颜色，如图2-63所示。

图 2-62　点击“编辑”按钮

图 2-63　更改文字颜色（1）

步骤 09 用同样的方法，为第2段文字添加相应的关键帧，并更改文字颜色，如图2-64所示。点击“导出”按钮，导出视频。

步骤 10 在剪映中依次导入上一步导出的文字视频和背景视频，❶选择文字视频素材；❷点击“切画中画”按钮，如图2-65所示。

图 2-64　更改文字颜色（2）

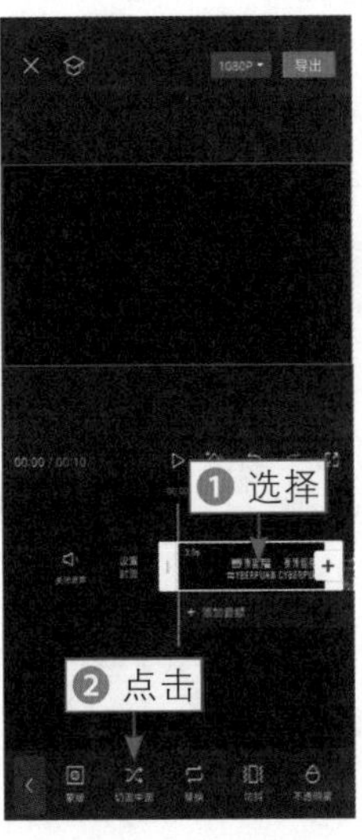

图 2-65　点击“切画中画”按钮

步骤 11 在工具栏中点击“混合模式”按钮，如图2-66所示。

步骤 12 执行操作后，选择“滤色”选项，如图2-67所示。

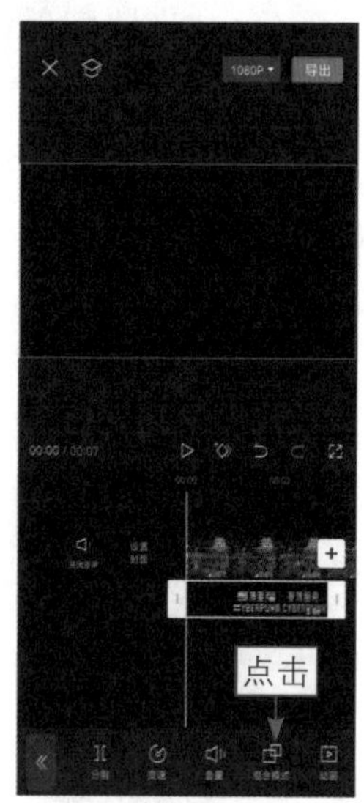

图 2-66　点击“混合模式”按钮

图 2-67　选择“滤色”选项

步骤 13 ❶在预览区域调整画中画轨道中文字视频的位置，使文字在画面的右下半部分显示；❷调整文字视频的位置，使其末尾与视频素材的末尾对齐；❸点击“动画”按钮，如图2-68所示，进入动画工具栏。

步骤 14 在“出场动画”选项卡中，❶选择“渐隐”动画；❷设置动画时长为1.5s，如图2-69所示。

步骤 15 返回一级工具栏，在视频的起始位置依次点击“特效”按钮和“画面特效”按钮，如图 2-70所示。

步骤 16 在“热门”选项卡中为视频添加“抖动”特效和“蹦迪光”特效，并调整特效的持续时长，效果如图2-71所示。

图 2-68　点击“动画”按钮

图 2-69　设置动画时长（2）

步骤 17 最后为视频添加一段合适的背景音乐，并调整音乐的时长，如图2-72所示。至此，完成渐变文字效果的制作，最后可以导出效果。

图 2-70 点击“画面特效”按钮

图 2-71 调整特效的持续时长

图 2-72 调整音乐的时长

2.2.6 用法六：无缝转场效果

扫码看教学视频

扫码看成品效果

【效果展示】：通过为视频的“不透明度”选项添加关键帧，就可以实现不透明效果的缓慢变化，营造从无到有的效果，从而制作无缝转场效果，如图2-73所示。

图 2-73 效果展示

下面介绍在手机版剪映中制作无缝转场效果的具体操作方法。

步骤 01 在剪映App中导入第1段视频素材，在视频2s左右的位置依次点击“画中画”按钮和“新增画中画”按钮，如图2-74所示。

步骤 02 ❶选择第2段视频；❷选中“高清”复选框；❸点击“添加”按

钮，如图2-75所示。

图 2-74　点击“新增画中画”按钮

图 2-75　点击“添加”按钮

步骤 03 ❶调整素材的画面大小；❷在第2段视频的起始位置点击◇按钮添加关键帧；❸点击“不透明度”按钮，如图2-76所示。

步骤 04 设置“不透明度”参数为0，如图2-77所示。

图 2-76　点击“不透明度”按钮

图 2-77　设置“不透明度”参数（1）

步骤 05 ❶拖曳时间轴至第1段视频的末尾；❷设置“不透明度”参数为100，如图2-78所示，让第2段视频慢慢显现，制作无缝转场。

步骤 06 拖曳时间轴至5s左右的位置，用同样的方法，添加第3段视频素材，并设置不同的不透明度，效果如图2-79所示。

步骤 07 最后为视频添加合适的背景音乐，如图2-80所示，并调整音乐的时长，让其与视频时长齐长。

图 2-78 设置“不透明度”参数（2）

图 2-79 设置不同不透明度的效果

图 2-80 添加背景音乐

2.3 电脑版剪映关键帧的6种用法

在电脑版剪映中，关键帧分布在对应操作区的右侧，调整相应的功能参数，随即点亮右侧的关键帧，即可运用关键帧。本节将介绍电脑版剪映关键帧的6种用法，帮助大家顺利掌握关键帧。

2.3.1 用法一：滑屏Vlog

【效果展示】：滑屏是一种可以展示多段视频的效果，适合用来制作旅行Vlog、综艺片头等。运用关键帧即可制作出滑屏Vlog效果，效果展示如图2-81所示。

扫码看教学视频

扫码看成品效果

图 2-81　效果展示

下面介绍在电脑版剪映中制作滑屏Vlog的操作方法。

步骤 01 在剪映的“媒体”功能区中导入4段视频素材，如图2-82所示。

步骤 02 将第1段视频素材添加到视频轨道上，如图2-83所示。

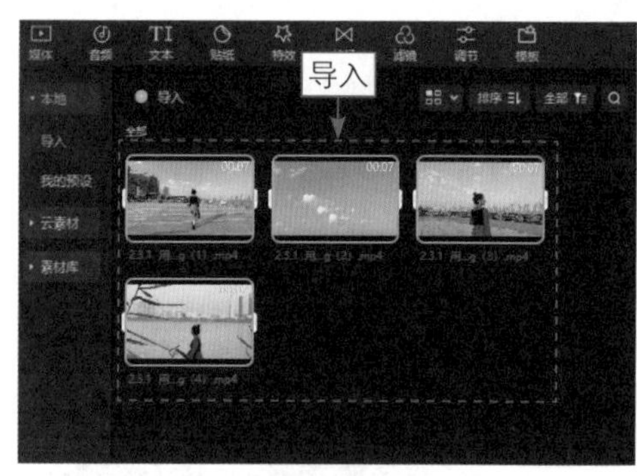

图 2-82　导入 4 段视频素材

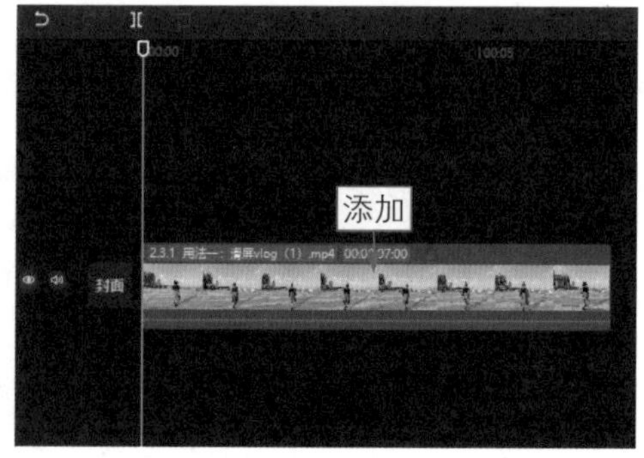

图 2-83　添加第 1 段视频素材

步骤 03 在“播放器”窗口中，❶设置视频的画布比例为9：16；❷适当调整视频的位置和大小，如图2-84所示。

步骤 04 用同样的操作方法，依次将其他段视频添加到画中画轨道中，在“播放器”窗口中调整视频的位置和大小，如图2-85所示。

图 2-84　调整视频的位置和大小

图 2-85　调整其他段视频的位置和大小

步骤 05 选择视频轨道中的素材，如图2-86所示。

步骤 06 在“画面”操作区的“基础”选项卡中，❶单击“背景填充”下方的下拉按钮；❷在弹出的下拉列表中选择“颜色”选项，如图2-87所示。

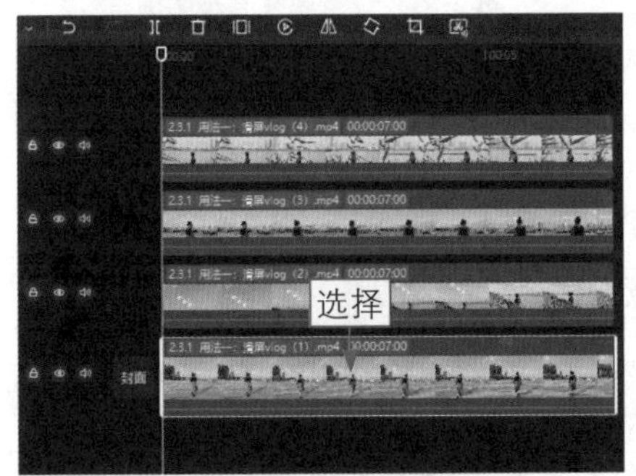

图 2-86　选择视频轨道中的素材

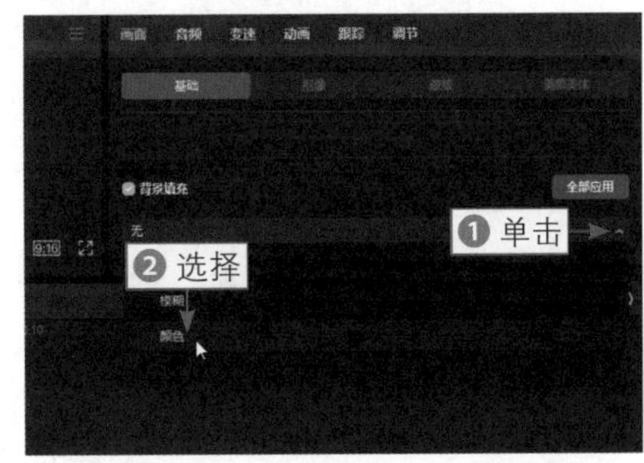

图 2-87　选择“颜色”选项

步骤 07 在“颜色”选项区中，选择白色块，如图2-88所示。

步骤 08 将制作的合成效果视频导出，新建一个草稿文件，将导出的效果视频重新导入“媒体”功能区中，如图2-89所示。

图 2-88　选择白色块

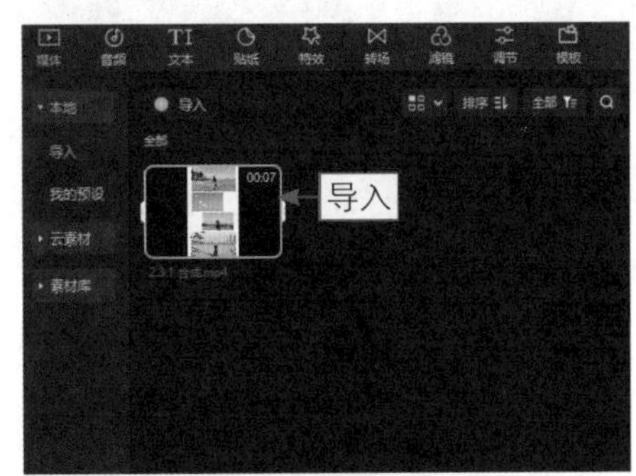

图 2-89　导入效果视频

步骤 09 通过拖曳的方式，将效果视频添加到视频轨道上，如图2-90所示。

步骤 10 在“播放器”窗口中，设置预览窗口的视频画布比例为16∶9，如图2-91所示。

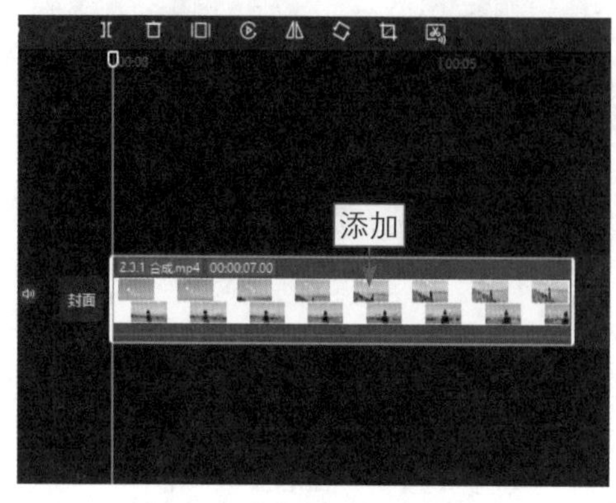

图 2-90　添加效果视频

图 2-91　设置视频画布比例

步骤 11 拖曳视频画面四周的控制柄，调整视频画面的大小，使其铺满整个预览窗口，如图2-92所示。

步骤 12 将时间轴拖曳至00:00:00:20的位置，在“画面”操作区的“基础”选项卡中，点亮“位置”最右侧的关键帧按钮◆，如图2-93所示。

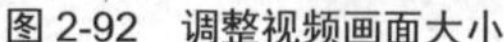
图 2-92　调整视频画面大小

图 2-93　点亮关键帧按钮

步骤 13 执行操作后，❶即可为视频添加一个关键帧；❷将时间轴拖曳至00:00:06:00的位置，如图2-94所示。

步骤 14 ❶切换至“画面”操作区的“基础”选项卡中；❷设置“位置”右侧的*Y*参数值为2442，如图2-95所示。此时“位置”右侧的关键帧按钮◆会自动点亮。

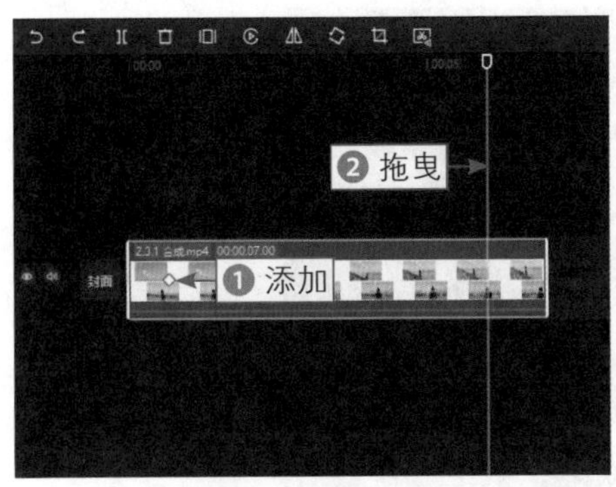

图 2-94　拖曳时间轴

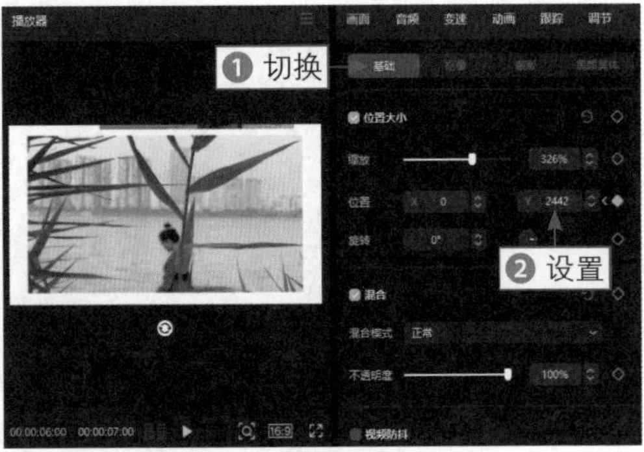

图 2-95　设置“位置”参数

步骤 15 最后，为Vlog添加背景音乐，如图2-96所示。

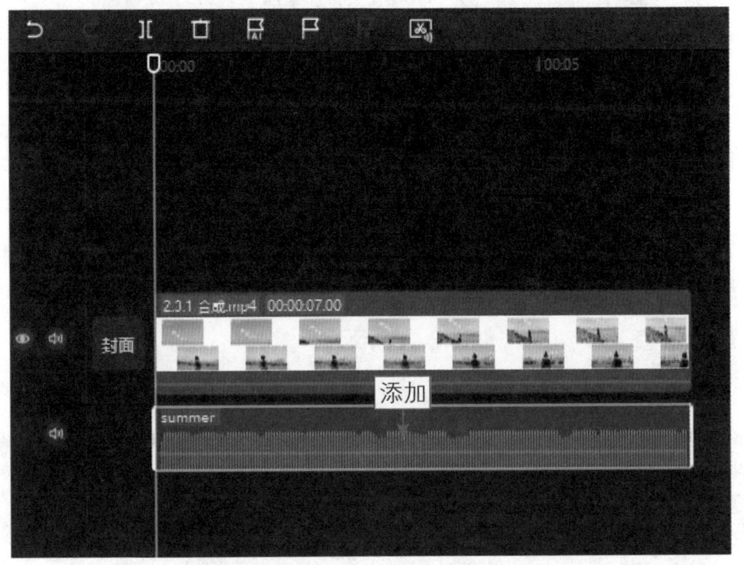

图 2-96　添加背景音乐

2.3.2　用法二：画面渐变视频

扫码看教学视频

扫码看成品效果

【效果展示】：蒙版和关键帧虽然不能直接改变画面的色彩参数，但运用蒙版和关键帧可以间接改变画面色彩，让画面色彩随着蒙版形状的变化而慢慢展现出来，制作出画面渐变视频。效果如图 2-97 所示。

图 2-97　效果展示

下面介绍在电脑版剪映中制作画面渐变视频的操作方法。

步骤 01 在剪映中将视频素材导入到“本地”选项卡中，单击视频素材右下角的“添加到轨道”按钮，如图2-98所示。

步骤 02 执行操作后，即可将视频素材添加到视频轨道中，如图2-99所示。

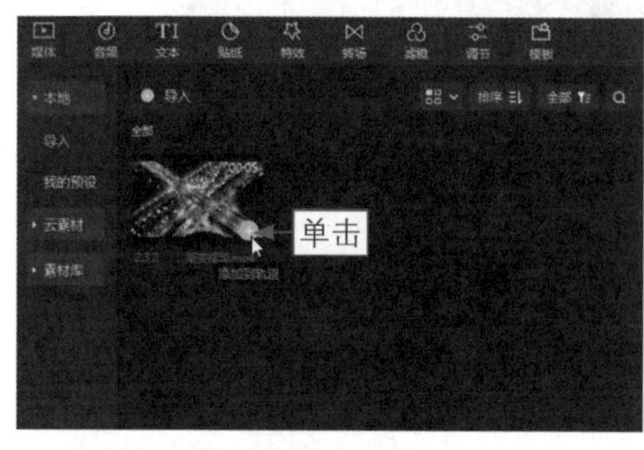

图 2-98　单击“添加到轨道”按钮（1）

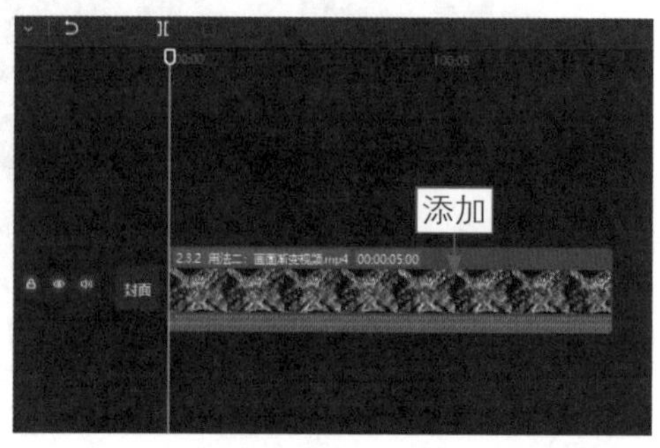

图 2-99　添加视频素材

步骤 03 ❶单击“滤镜”按钮；❷切换至“黑白”选项卡；❸单击“褪色”滤镜右下角的“添加到轨道”按钮，如图2-100所示。

步骤 04 调整“褪色”滤镜的时长，与视频素材的时长对齐，如图2-101所示。操作完成后，导出褪色视频备用。

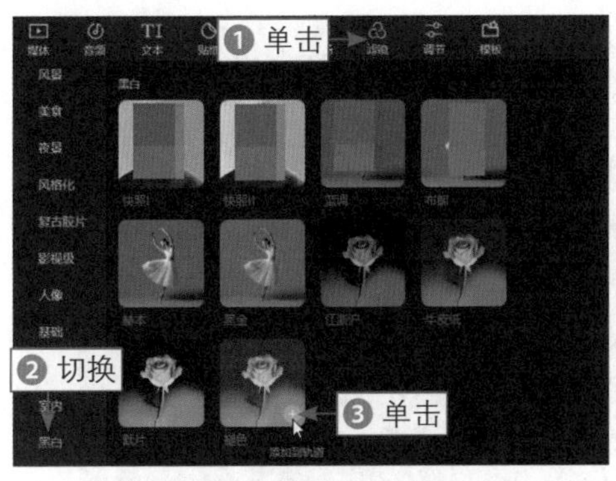

图 2-100　单击“添加到轨道”按钮（2）

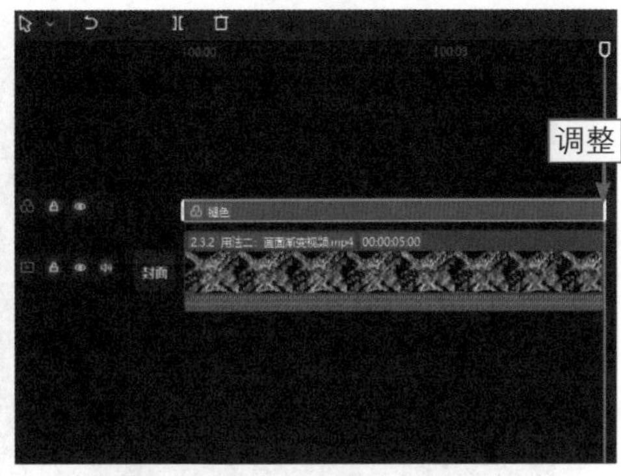

图 2-101　调整“褪色”滤镜的时长

步骤 05 将轨道清空，在剪映的“媒体”功能区中，将上一步导出的褪色视频导入到“本地”选项卡中，如图2-102所示。

步骤 06 将褪色视频和原视频分别添加到视频轨道和画中画轨道中，并向右拖曳原视频左侧的白色拉杆，将其起始位置调整至 00:00:00:05 的位置，如图 2-103 所示。

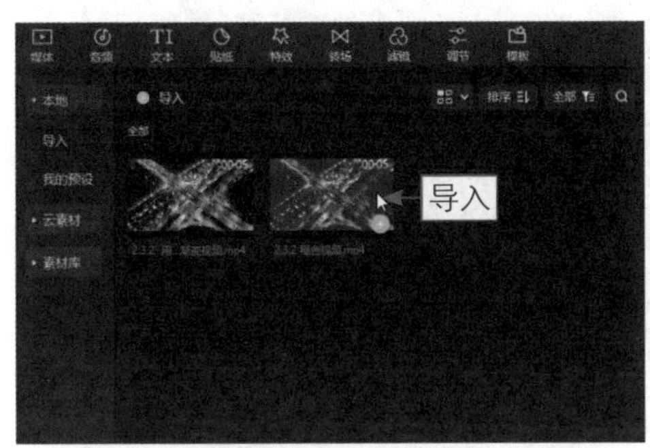

图 2-102　导入褪色视频

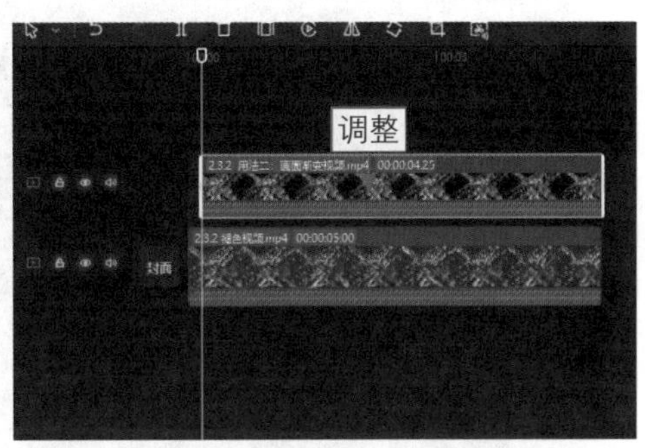

图 2-103　调整素材的时长

步骤 07 ❶ 切换至“蒙版”选项卡；❷ 选择“矩形”蒙版；❸ 设置“位置”*X* 参数为 273、*Y* 参数为 -167，“旋转”参数为 36°，“大小”的“长”参数为 1432、“宽”参数为 1，“羽化”参数为 5，“圆角”参数为 100；❹ 点亮“位置”“旋转”“大小”“羽化”4 个关键帧◆，如图 2-104 所示，制作第 1 个关键帧效果。

步骤 08 将时间轴调整至 00:00:00:15 的位置；❶ 在预览窗口中调整“矩形”蒙版的大小，使其覆盖范围扩大；❷ 在“蒙版”选项卡中再次点亮“位置”“旋转”“大小”“羽化”4 个关键帧◆，如图 2-105 所示，制作第 2 个关键帧效果。

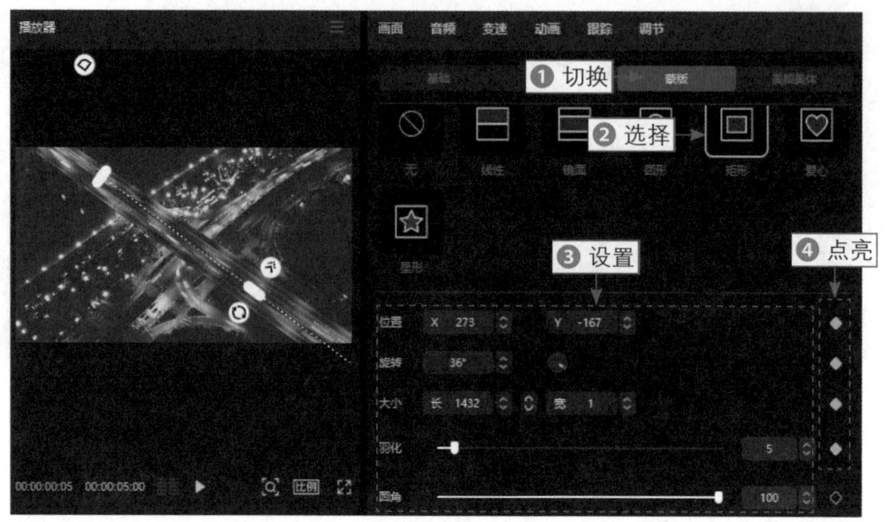

图 2-104　点亮 4 个关键帧（1）

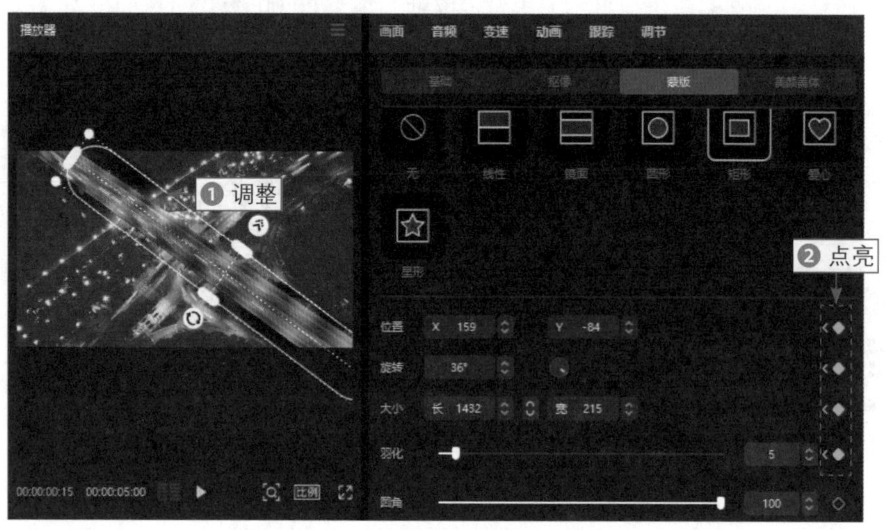

图 2-105　点亮 4 个关键帧（2）

步骤 09 将时间调整至00:00:04:00的位置；❶在“蒙版”选项卡中设置“位置”参数为0、“旋转”参数为0°、“大小”的“长”和“宽”参数均为1500；❷点亮“位置”“旋转”“大小”“羽化”4个关键帧，如图2-106所示，让蒙版将视频画面完全遮盖。

步骤 10 将时间轴拖曳至00:00:03:00的位置，❶单击“文本”按钮；❷切换至“文字模板”选项卡；❸在“片头标题”选项区中，单击“小城故事”模板右下角的“添加到轨道”按钮，如图2-107所示，添加一个文字模板。

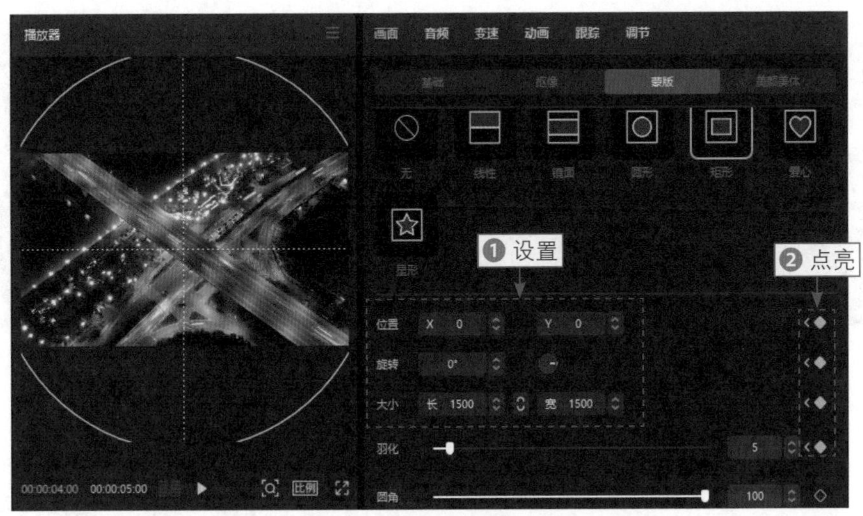

图 2-106　点亮 4 个关键帧（3）

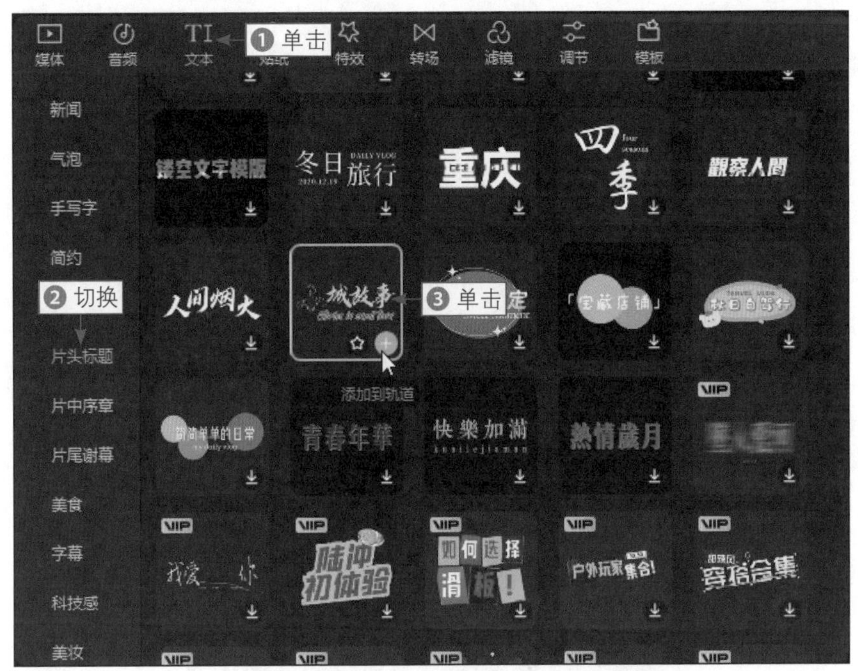

图 2-107　单击“添加到轨道”按钮（3）

步骤 11 执行操作后，即可添加一个文字模板，调整文字模板的时长，如图 2-108 所示。

步骤 12 在“播放器”窗口中调整文字的大小，使其稍微变小一些，如图2-109所示。执行上述操作后，即可完成画面渐变视频效果的制作。

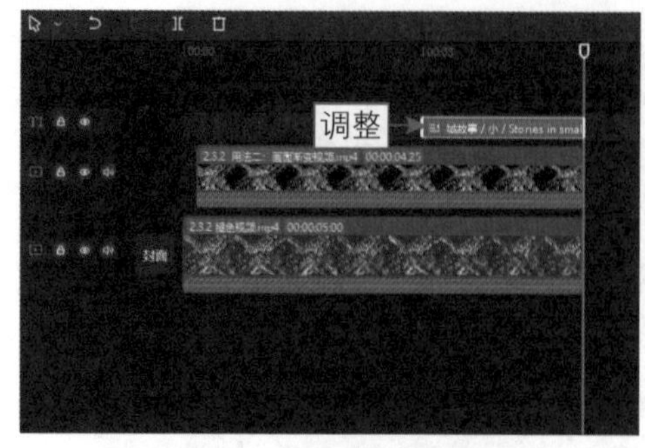

图 2-108　调整文字模板的时长

图 2-109　调整文字的大小

2.3.3　用法三：方框悬挂片尾

扫码看教学视频

扫码看成品效果

【效果展示】：方框悬挂片尾效果是指在视频结束时，在画面左侧或画面右侧悬挂一个方框，片尾字幕会在悬挂的方框中从下往上滚动显示，效果如图2-110所示。

图 2-110　效果展示

下面介绍在电脑版剪映中制作方框悬挂片尾效果的操作方法。

步骤 01 在字幕轨道中，添加一个默认文本，并调整文本的结束位置至00:00:13:00的位置，如图2-111所示。

步骤 02 打开事先编辑好的片尾字幕记事本，按【Ctrl+A】组合键全选记事本中的内容，并按【Ctrl+C】组合键复制，如图2-112所示。

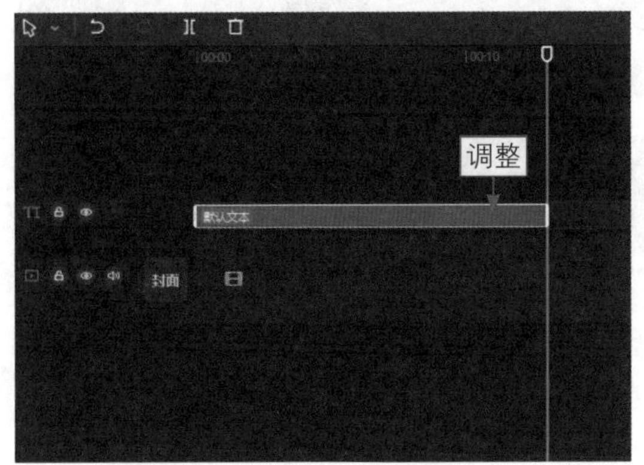

图 2-111　调整文本的结束位置

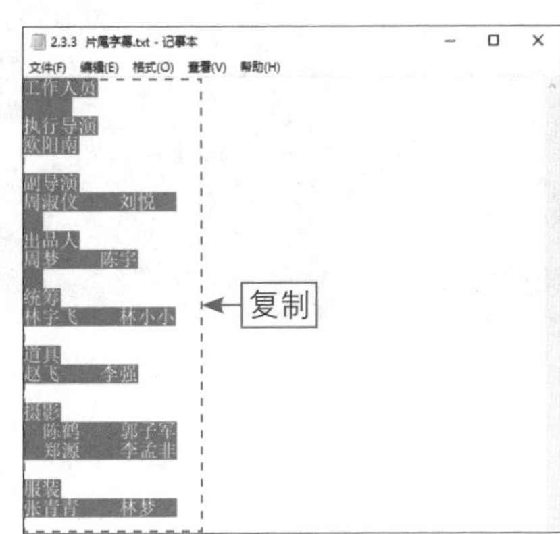

图 2-112　全选并复制记事本中的内容

步骤 03 在“文本”操作区的“基础”选项卡中，按【Ctrl+V】组合键粘贴记事本中的内容，设置“缩放”参数为30%，如图2-113所示。

步骤 04 在“排列”选项区中，设置“字间距”参数为5、“行间距”参数为18，如图2-114所示。

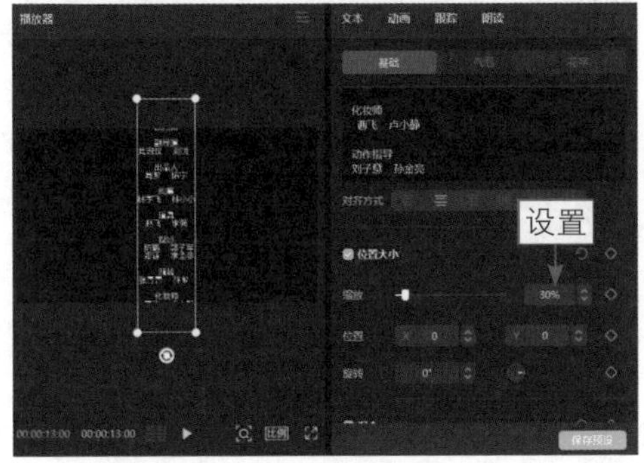

图 2-113　设置“缩放”参数（1）

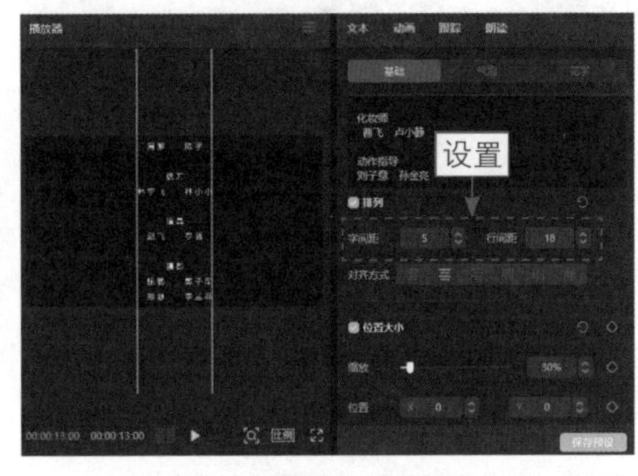

图 2-114　设置相应的参数（1）

步骤 05 拖曳时间轴至00:00:00:15的位置，在“文本”操作区中，❶ 点亮“位置”关键帧◆；❷ 在“播放器”窗口中将文本垂直向下移出画面，如图 2-115 所示。

步骤 06 拖曳时间轴至00:00:12:00的位置，❶在“播放器”窗口中将文本垂直向上移出画面；❷添加第2个“位置”关键帧◆，如图2-116所示，制作字幕从下往上滚动的效果。

步骤 07 拖曳时间轴至相应的位置，在第2条字幕轨道中，添加一个默认文本，并调整文本的结束位置为00:00:13:00，如图2-117所示。

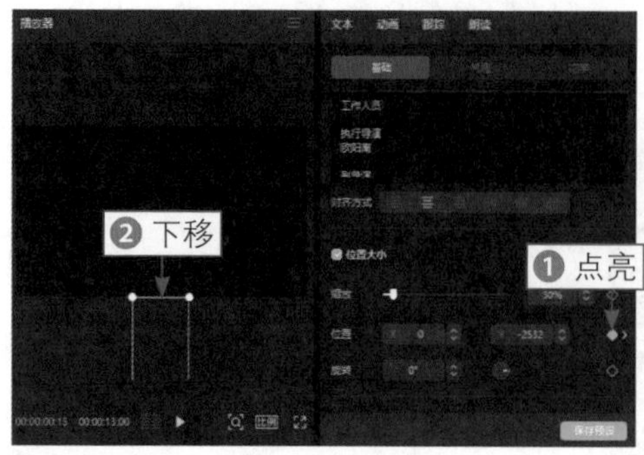

图 2-115　将文本垂直向下移出画面

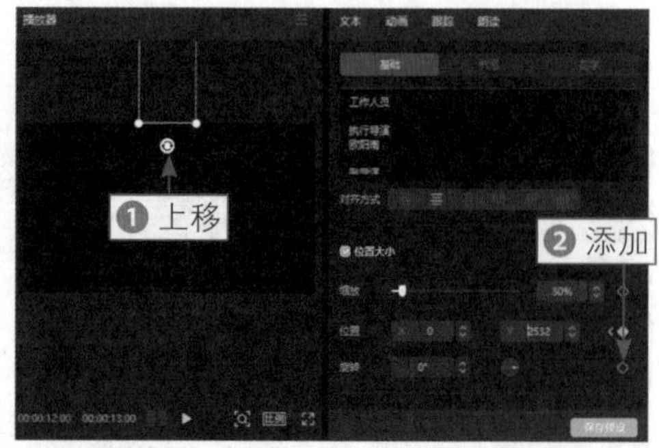

图 2-116　添加第 2 个“位置”关键帧（1）

步骤 08 在“文本”操作区的“基础”选项卡中，输入特别鸣谢相关内容，设置“缩放”参数为33%，如图2-118所示，适当缩小文本。

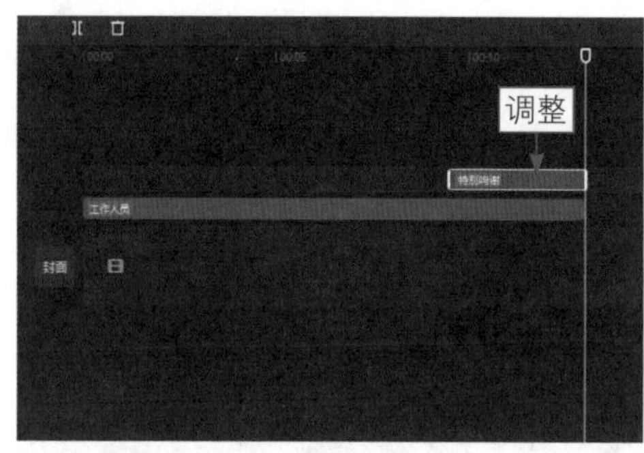

图 2-117　调整文本结束的位置

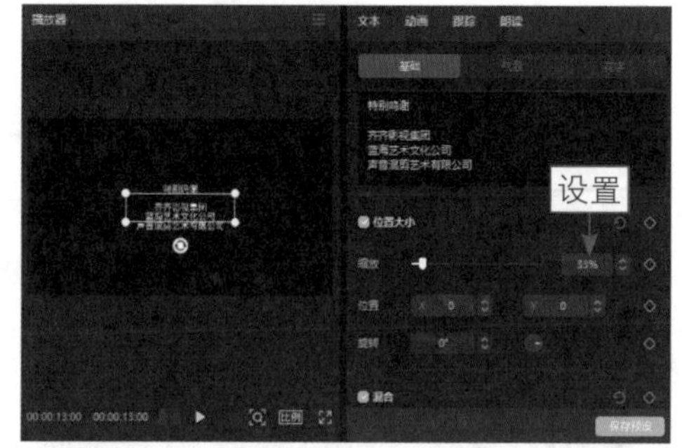

图 2-118　设置“缩放”参数（2）

步骤 09 在“排列”选项区中，设置“字间距”参数为3、“行间距”参数为18，如图2-119所示，使文字看起来更美观。

步骤 10 在“文本”操作区中，❶点亮“位置”关键帧◆；❷在“播放器”窗口中将第2个文本垂直向下移出画面，如图2-120所示。

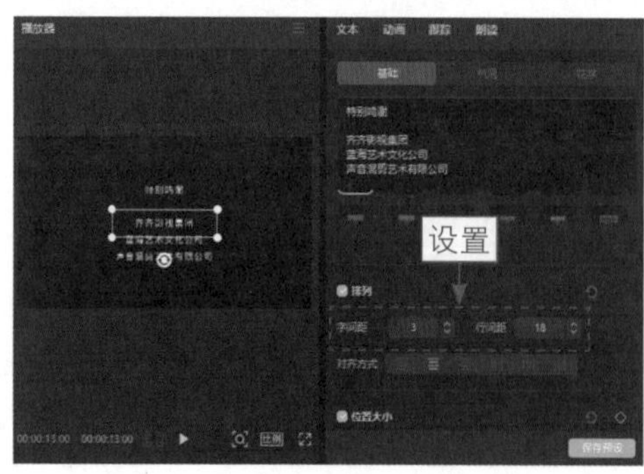

图 2-119　设置相应的参数（2）

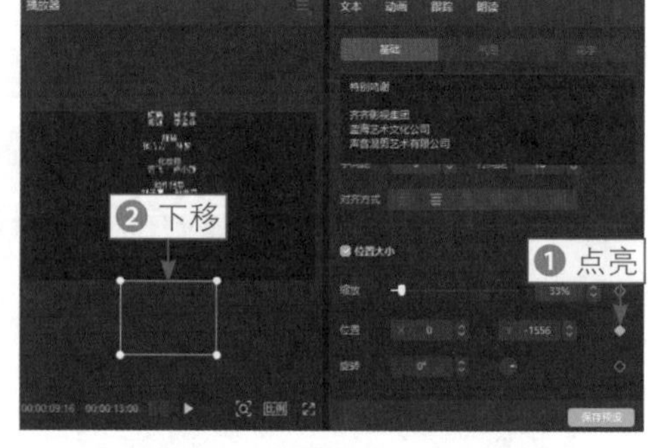

图 2-120　向下移动第 2 个文本

步骤 11 拖曳时间轴至00:00:12:00的位置，❶在“播放器”窗口中将文本垂直向上移至画面中间；❷添加第2个“位置”关键帧◆，如图2-121所示。

步骤 12 在“动画”操作区的“出场”选项卡中，❶选择“渐隐”动画；❷设置“动画时长”参数为0.7s，如图2-122所示，使文本向上滚动至中间停住后渐渐淡出。执行上述操作后，将制作的片尾字幕导出为视频备用。

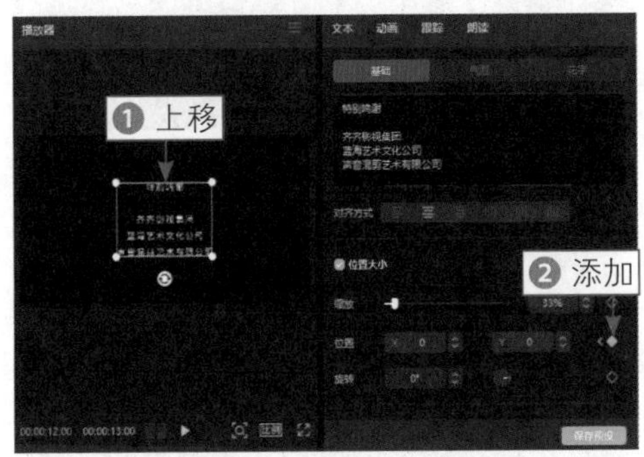

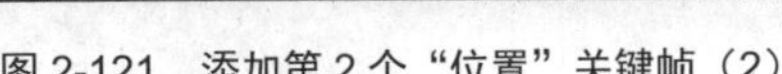
图 2-121　添加第 2 个“位置”关键帧（2）

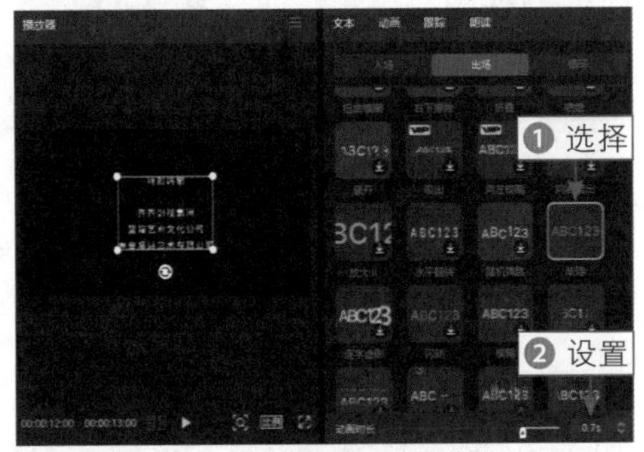

图 2-122　设置“动画时长”参数（1）

步骤 13 清空轨道，在“媒体”功能区中，导入制作的片尾字幕视频和背景视频，如图2-123所示。

步骤 14 将背景视频添加到视频轨道中，如图2-124所示。

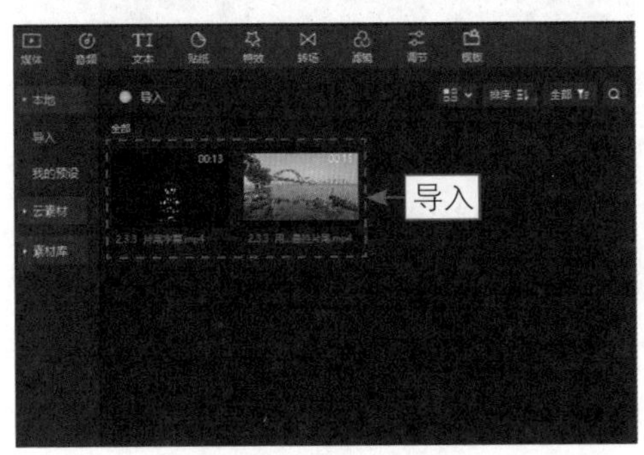

图 2-123　导入两段视频

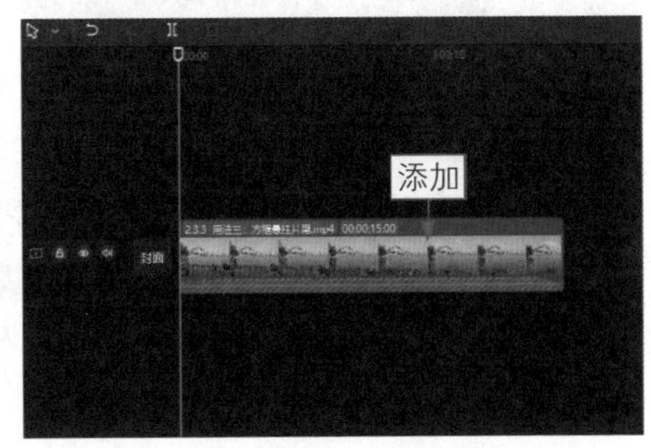

图 2-124　将背景视频添加到视频轨道中

步骤 15 在“贴纸”功能区中，❶输入并搜索“矩形框”；❷选择一个带有气泡的矩形方框贴纸并单击“添加到轨道”按钮⊕，如图2-125所示。

步骤 16 执行操作后，即可将方框贴纸添加到轨道中，调整贴纸显示时长与视频时长一致，如图2-126所示。

步骤 17 在“贴纸”操作区中，❶设置“缩放”参数为108%；❷在“播放器”窗口中调整贴纸的位置，如图2-127所示，使其悬挂在画面右侧。

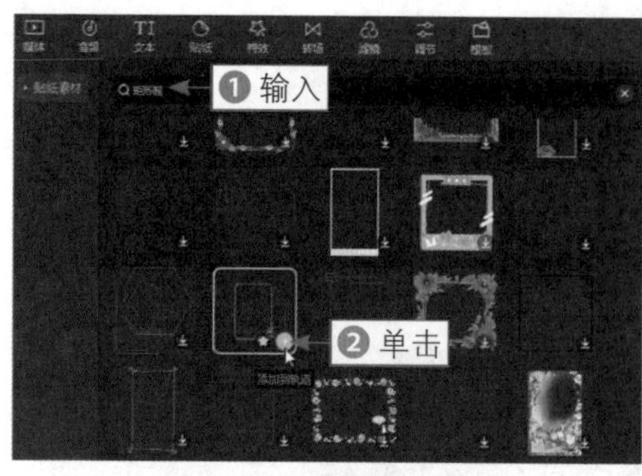

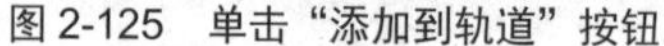
图 2-125　单击“添加到轨道”按钮

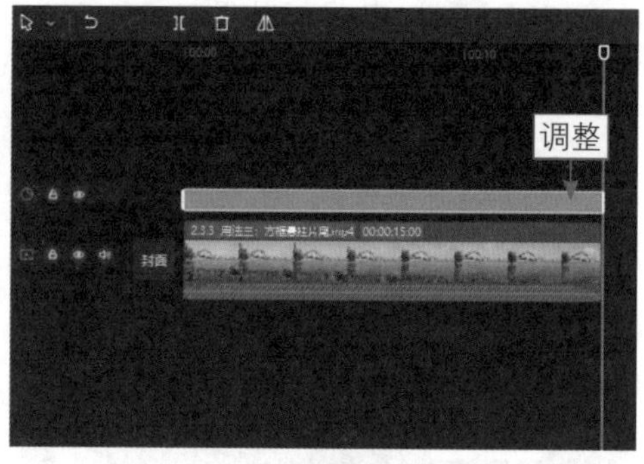

图 2-126　调整贴纸显示时长

步骤 18 在“动画”操作区的“入场”选项卡中，❶选择“渐显”动画；❷设置“动画时长”参数为0.5s，如图2-128所示，制作贴纸淡入效果。

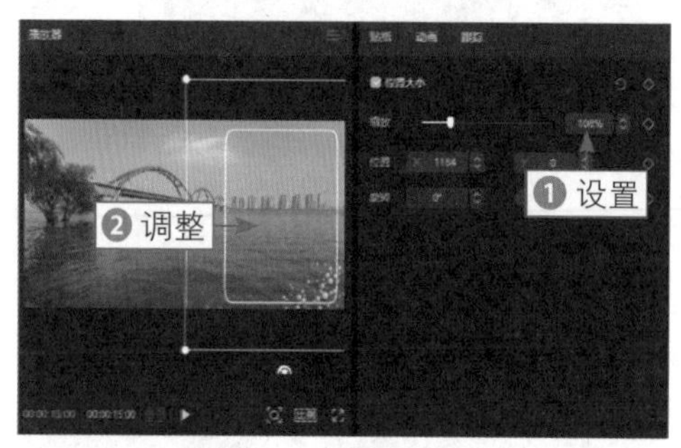

图 2-127　调整贴纸的位置

图 2-128　设置“动画时长”参数（2）

步骤 19 在“动画”操作区的“出场”选项卡中，❶选择“渐隐”动画；❷设置“动画时长”参数为1.0s，如图2-129所示，制作贴纸淡出效果。

步骤 20 选择视频，在“动画”功能区的“出场”选项卡中，❶选择“渐隐”动画；❷设置“动画时长”参数为1.0s，如图2-130所示，制作视频淡出效果。

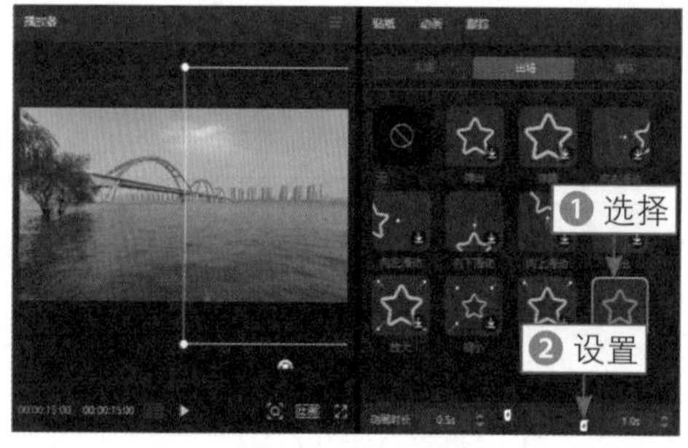

图 2-129　设置“动画时长”参数（3）

图 2-130　设置“动画时长”参数（4）

步骤 21 将片尾字幕添加到画中画轨道中，如图2-131所示。

步骤 22 选择片尾字幕视频，在“画面”操作区的“基础”选项卡中，❶ 设置“混合模式”为“滤色”模式；❷ 在“播放器”窗口中调整片尾字幕的大小和位置，如图 2-132 所示，使片尾字幕刚好在方框中显示。至此，完成方框悬挂片尾效果的制作。

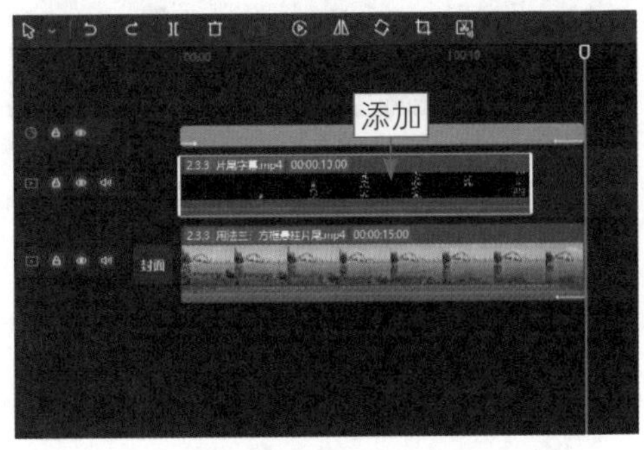

图 2-131　将片尾字幕添加到画中画轨道中

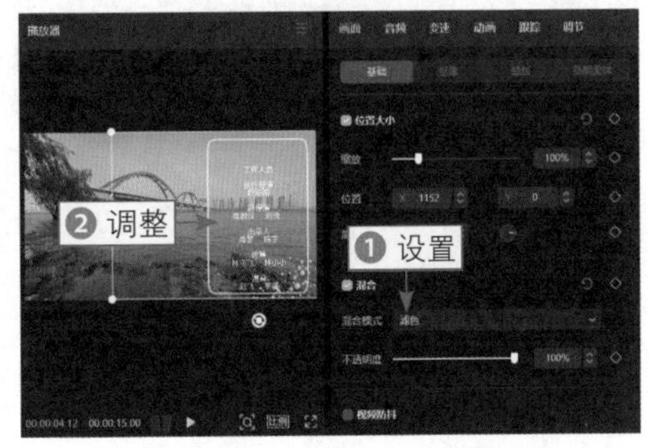

图 2-132　调整大小和位置

2.3.4　用法四：片名上滑效果

扫码看教学视频　扫码看成品效果

【效果展示】：在剪映中制作片名上滑效果，可以分为两个部分来操作，一是为视频添加线性蒙版，并设置蒙版关键帧，使视频底部呈遮盖上滑效果；二是为视频添加文本，并为文本设置“溶解”入场动画，效果如图2-133所示。

图 2-133　效果展示

下面介绍在电脑版剪映中制作片名上滑效果的操作方法。

步骤 01 在电脑版剪映中，导入并添加视频素材，在“播放器”窗口中，稍微缩小视频画面，如图2-134所示。

步骤 02 在“背景填充”选项区中，设置背景颜色为白色，如图2-135所示。

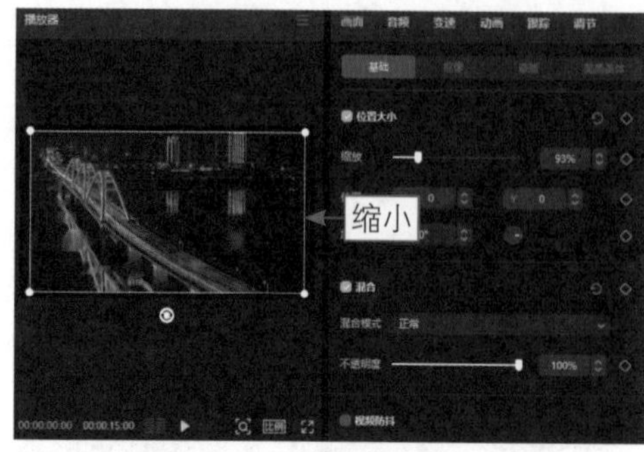

图 2-134　缩小视频画面

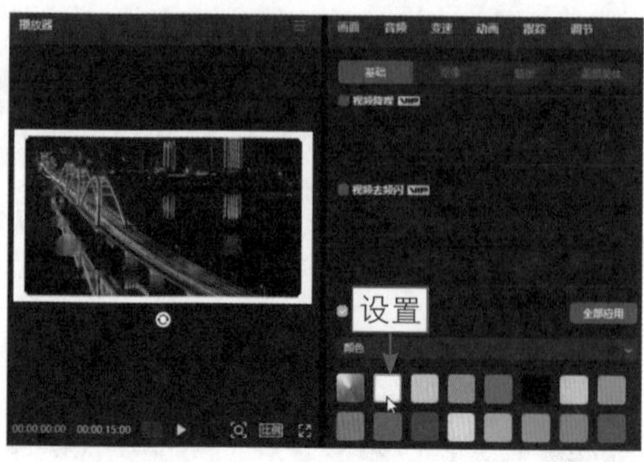

图 2-135　设置背景颜色为白色

步骤 03 将时间轴拖曳至00:00:00:20的位置，在“蒙版”选项卡中，❶选择“线性”蒙版；❷调整蒙版至画面底部；❸点亮“位置”右侧的关键帧◆按钮，如图2-136所示。

步骤 04 将时间轴拖曳至00:00:02:00的位置，将蒙版向上移动至合适的位置，如图2-137所示。

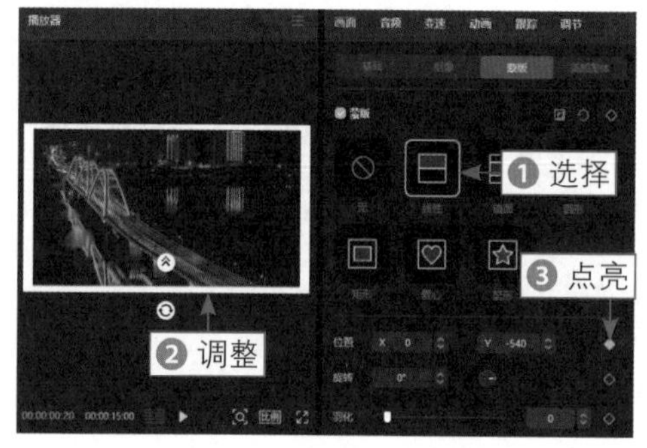

图 2-136　点亮“位置”右侧的关键帧

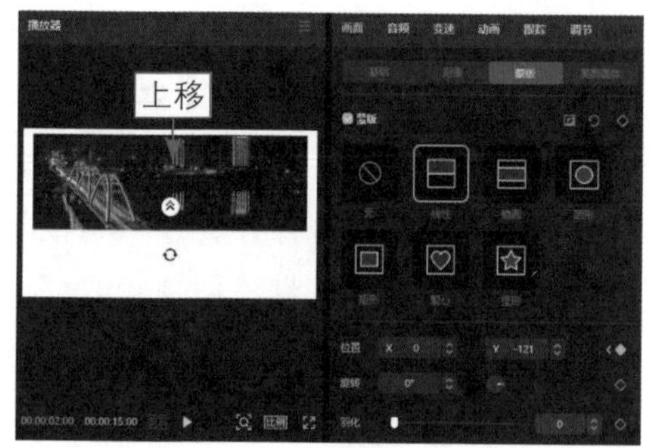

图 2-137　将蒙版向上移动

步骤 05 在“文本”功能区的“花字”选项卡中，找到一款合适的花字，单击“添加到轨道”按钮⊕，如图2-138所示，将花字文本添加到字幕轨道中并调整其显示时长。

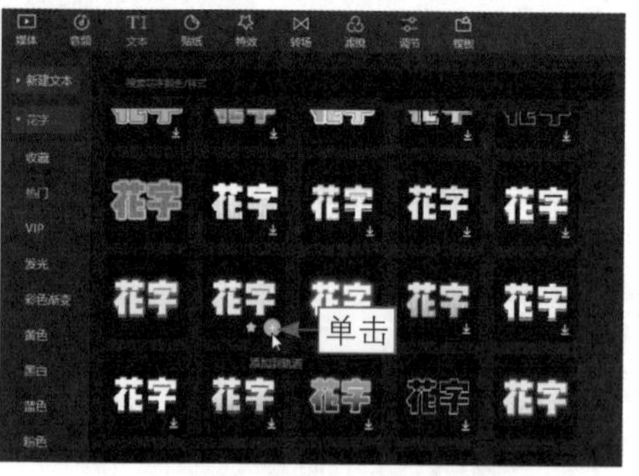

图 2-138　单击“添加到轨道”按钮（1）

步骤 06 在“文本”操作区的文本框中，❶输入片名；❷设置一款合适的字体；❸调整片名的大小和位置，如图2-139所示。

步骤 07 在“排列”选项区中，设置“字间距”参数为5、“行间距”参数为2，如图2-140所示。

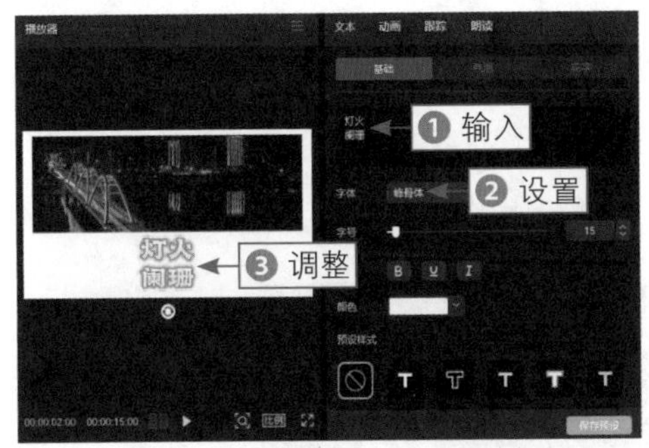

图 2-139　调整片名大小和位置

图 2-140　设置“字间距”和“行间距”参数

步骤 08 在“动画”操作区的“入场”选项卡中，❶选择“溶解”动画；❷设置“动画时长”参数为1.5s，如图2-141所示。

步骤 09 ❶拖曳时间轴至动画结束的位置；❷复制制作的片名文本至第2条字幕轨道中并调整其显示时长，如图2-142所示。

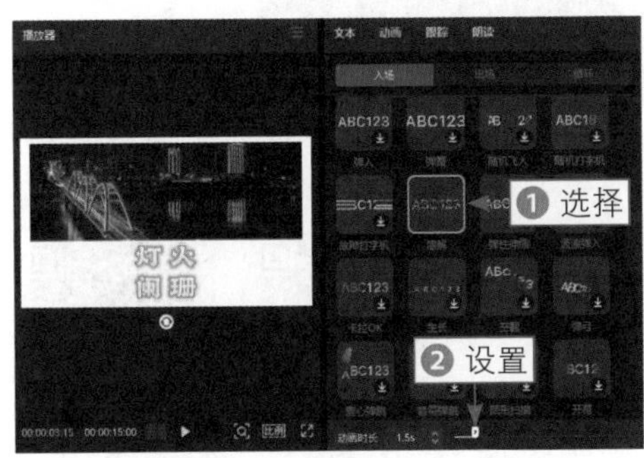

图 2-141　设置“动画时长”参数

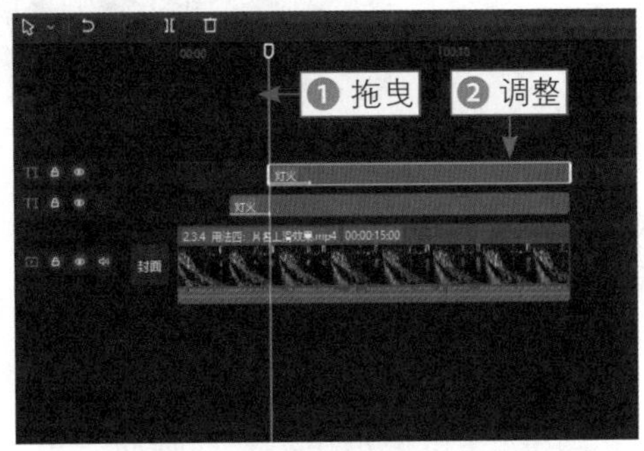

图 2-142　调整复制文本的显示时长

步骤 10 在“文本”操作区中，❶修改文本内容；❷在“播放器”窗口中调整文本的位置和大小，如图2-143所示。

步骤 11 用同样的方法，制作第3个文本，效果如图2-144所示。

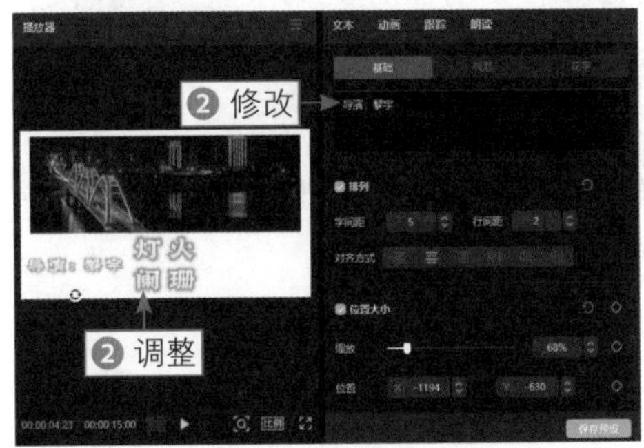

图 2-143　调整文本的位置和大小

图 2-144　制作第 3 个文本

步骤 12 将时间轴拖曳至视频开始的位置，在"音频"功能区中，❶展开"音效素材"|"机械"选项卡；❷在"胶卷过卷声"音效上单击"添加到轨道"按钮，如图2-145所示。执行操作后，即可在音频轨道上添加一个音效，完成文艺片名上滑效果。

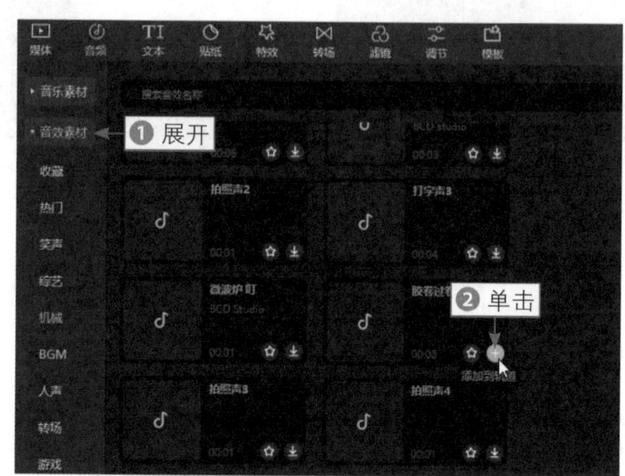

图 2-145 单击"添加到轨道"按钮（2）

2.3.5 用法五：模拟运镜效果

扫码看教学视频

扫码看成品效果

【效果展示】：给视频中的位置和大小参数添加关键帧，就可以让画面变大或者变小，从而让视频像用推拉运镜拍摄出来的画面一样，效果展示如图2-146所示。

图 2-146 效果展示

下面介绍在电脑版剪映中模拟运镜效果的操作方法。

步骤 01 添加视频之后，在"缩放"和"位置"的右侧添加关键帧，如图2-147所示。

步骤 02 在视频第6s的位置放大画面并调整画面的位置，制作推镜头效果，如图2-148所示。

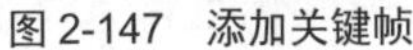

图 2-147 添加关键帧

图 2-148 放大画面并调整其位置

步骤 03 在视频末尾的位置复原“缩放”和“位置”参数，让视频画面复原，如图2-149所示。

图 2-149 复原“缩放”和“位置”参数

2.3.6 用法六：添加移动水印

扫码看教学视频

扫码看成品效果

【效果展示】：如果用户想为自己的视频添加水印，可以用“关键帧”功能制作一个移动的水印，这样既能避免被别人抹去水印盗用视频，又能增加视频的趣味性，效果如图2-150所示。

图 2-150　效果展示

下面介绍在电脑版剪映中添加移动水印的操作方法。

步骤 01 在电脑版剪映中，导入1段视频素材，如图2-151所示。

步骤 02 新建一个默认文本，调整文本的显示时长与视频时长一致，如图 2-152 所示。

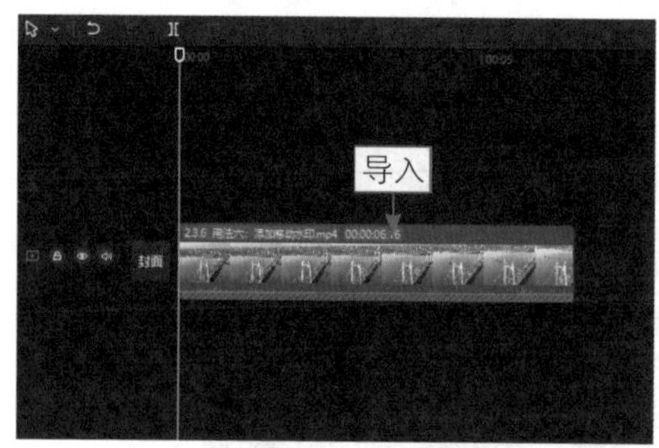

图 2-151　导入 1 段视频素材

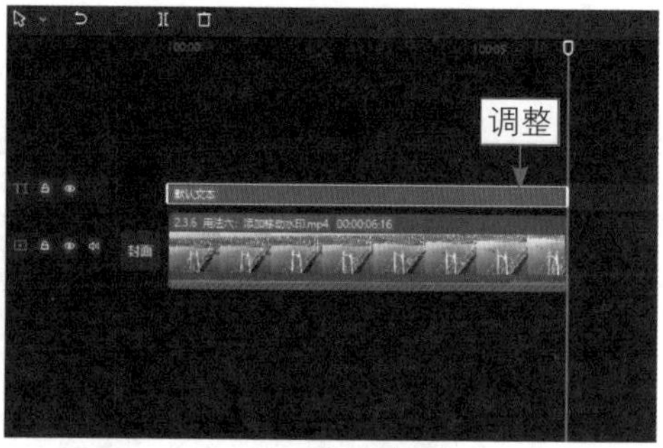

调整

默认文本

封面

图 2-152　调整文本的显示时长

步骤 03 ❶在“文本”操作区中输入水印内容；❷选择一款合适的字体，如图2-153所示。

步骤 04 在“混合”选项区中，设置“不透明度”参数为60%，让水印没有那么明显，如图2-154所示。

图 2-153　选择一款字体

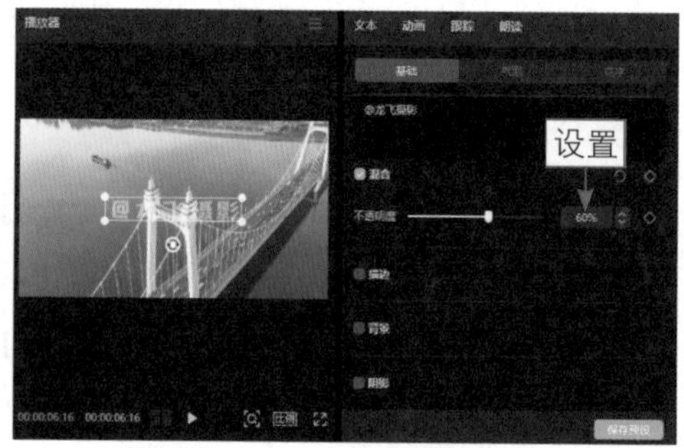

图 2-154　设置“不透明度”参数

步骤 05 返回视频的起始位置，❶在“播放器”窗口中调整水印文字的位置和大小；❷点亮“位置”右侧的关键帧按钮◆，如图2-155所示，即可在视频起始位置添加一个关键帧。

图 2-155　点亮关键帧

步骤 06 分别拖曳时间轴至第2s、第4s和第6s的位置，在“播放器”窗口中调整水印文字的位置，使其分别处于画面的左上角、右下角和左下角，系统会自动添加关键帧，如图2-156所示，即可制作出移动水印的效果。这里需要注意的是，在调整水印文字的位置时尽量不要让水印挡住中间部分的画面，这样会影响观众的观感。

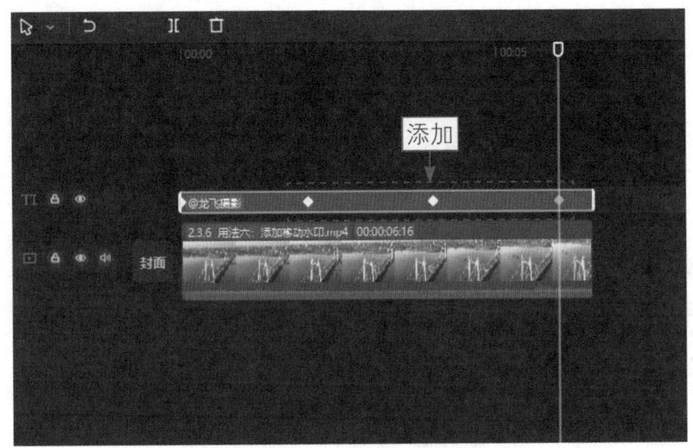

图 2-156　自动添加关键帧

第3章

14种方式，成为抠图大师

本章要点：

抠图能够超越人的想象，帮助人类实现那些在现实中难以企及的想法，如实现人类上天入地、跨越时空、翱翔外太空等。因此，抠图是一项较为炫酷的技能。本章将介绍14种抠图方式，助力大家成为抠图大师。

3.1 认识抠图

抠图是图片和影像处理常用的方式，具体是指将图片或影像中的某一部分分离出来保存为单独的图层。这些单独的图层可以与另一图层组合，从而实现玄幻、炫酷的效果。本节将为大家简要介绍剪映中的抠图功能以及这些功能起到怎样的作用。

3.1.1 剪映的4种抠图功能

无论是电脑版剪映，还是手机版剪映，抠图功能都有3种，包括色度抠图、自定义抠像和智能抠像，这3种抠图功能被归类在“抠像”功能区中。如图3-1所示为电脑版剪映中的3种抠图功能。

图 3-1　电脑版剪映中的 3 种抠图功能

另外，还有一种抠图功能，但从严格意义上来说，不属于真正的抠图功能，但具备抠图效果——混合模式。“混合模式”功能在电脑版剪映的“画面”功能区中，其原理是当多个图层组合时，采用不同的方法将图层中的颜色进行混合，以达到不同图层间的“浑然天成”。

在剪映中，“混合模式”有11种类型，包括“正常”“变亮”“滤色”“变暗”“叠加”“强光”“柔光”“颜色加深”“线性加深”“颜色减淡”“正片叠底”。

通常情况下，运用“混合模式”中的“滤色”模式可以将黑底去除，融合画面中的底色；运用“正片叠底”模式可以去除白底，制作出镂空文字效果。

3.1.2 不同抠图功能的作用

在电脑版剪映和手机版剪映中，“色度抠图”和“智能抠像”这两个功能的操作方式和作用是相同的，分别用于抠取颜色，如绿幕素材中的绿色，以及用于抠取人像，如将人物从背景中抠取出来，放置在别的背景中等。

相比之下，“色度抠图”是目前剪映中抠图美观度最高、留下痕迹最少的一种方式。因为使用“色度抠图”将颜色提取出来之后，还可以设置“强度”和“阴影”参数，以此减少抠图中留下的痕迹。

而“智能抠像”功能主要是针对人像的抠图方式，是系统自动抠取人像，后期不能够设置其他的参数，因此使用“智能抠像”功能进行抠图时，要求图片或影像的背景简洁，与人像的色彩反差较大。

“自定义抠像”则是一种相对较新的抠图方式，它可以说是针对“智能抠像”抠取痕迹太重而出现的。顾名思义，“自定义抠像”这种抠图方式相对比较自由，可以由剪辑师自主选择抠取人像或物品。

电脑版剪映和手机版剪映中的“自定义抠像”功能有细微的区别，分别如图3-2和图3-3所示。

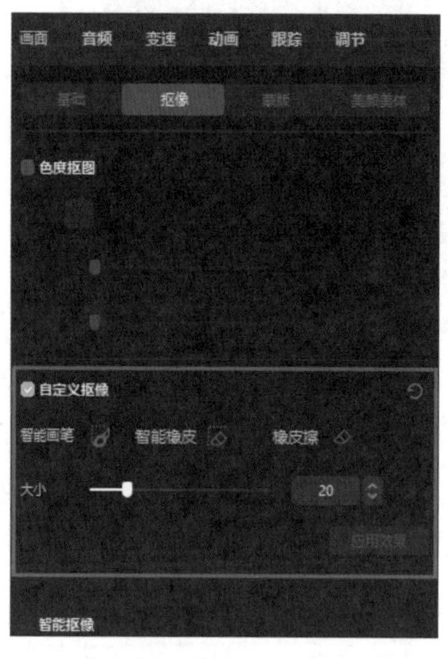

图 3-2　电脑版剪映中“自定义抠像”功能

图 3-3　手机版剪映中“自定义抠像”功能

3.2 手机版剪映抠图的7种方式

运用手机版剪映中的4种抠图功能足以实现如今很多常见的抠图效果，如人物出场介绍、人物出框效果、召唤翅膀技能、自定抠像蝴蝶、穿越手机换景、镂空文字穿越和文字分割开场等效果。本节将主要介绍在手机版剪映中制作这些效果的方法。

3.2.1 方式一：人物出场介绍

扫码看教学视频

扫码看成品效果

【效果展示】：通过“智能抠像”功能可以对定格画面中的人物进行抠像，然后再更改画面背景、添加人物介绍文字和音效，从而制作出角色出场介绍，效果如图3-4所示。

图 3-4 效果展示

下面介绍在手机版剪映中制作人物出场介绍效果的操作方法。

步骤 01 ❶在剪映中导入并选择一段人物视频素材；❷拖曳时间轴至合适的位置；❸依次点击“编辑”按钮和“裁剪”按钮，如图3-5所示。

步骤 02 选择16：9选项，在预览区域对视频画面进行适当的裁剪，如图3-6所示。

图 3-5 点击“裁剪”按钮

图 3-6 适当地裁剪视频画面

步骤 03 ❶选择视频素材；❷点击“音频分离”按钮，如图3-7所示，将视频的声音分离出来。

步骤 04 ❶再次选择视频素材；❷拖曳时间轴至合适的位置；❸点击“定格”按钮，如图3-8所示，生成定格片段，调整其结束位置与音频素材的结束位置对齐。

图 3-7　点击“音频分离”按钮

图 3-8　点击“定格”按钮

步骤 05 ❶选择定格片段后面的视频素材；❷点击“删除”按钮，如图3-9所示，将多余的视频素材删除。

步骤 06 ❶选择定格片段；❷依次点击“抠像”按钮和“智能抠像”按钮，如图3-10所示，稍等片刻，即可将视频中的人物抠选出来。

图 3-9　点击“删除”按钮

图 3-10　点击“智能抠像”按钮

步骤 07 返回一级工具栏，点击“背景”按钮，如图3-11所示。

步骤 08 在二级工具栏中，点击“画布样式”按钮，如图3-12所示。

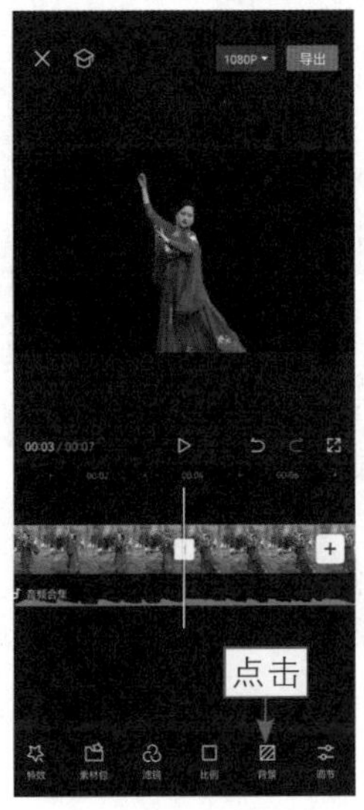

图 3-11　点击“背景”按钮

图 3-12　点击“画布样式”按钮

步骤 09 进入相应的界面，选择一种画布样式，如图3-13所示。

步骤 10 执行操作后，返回一级工具栏，依次点击“文字”按钮和“新建文本”按钮，如图3-14所示。

步骤 11 ❶输入文字内容；❷选择合适的字体，如图3-15所示。

图 3-13　选择一种画布样式

图 3-14　点击“新建文本”按钮

图 3-15　选择合适的字体

步骤 12 ❶切换至“样式”选项卡；❷选择一种合适的预设样式；❸在“排列”选项区中选择第4个选项，设置文本垂直顶端对齐；❹在预览区域中调整文字的大小和位置，如图3-16所示。

步骤 13 ❶切换至“动画”选项卡；❷在“入场”选项区中选择“打字机Ⅱ”动画；❸拖曳滑块至2.0s，设置动画时长，如图3-17所示，点击✓按钮确认。

步骤 14 调整文本显示时长与定格片段的时长一致，如图3-18所示。

步骤 15 返回一级工具栏，在定格片段的起始位置，依次点击“音频”按钮和“音效”按钮，即可进入音效素材库，❶切换至“机械”选项卡；❷点击“打字声”音效右侧的“使用”按钮，如图3-19所示。

步骤 16 执行操作后，即可添加音效，如图3-20所示。

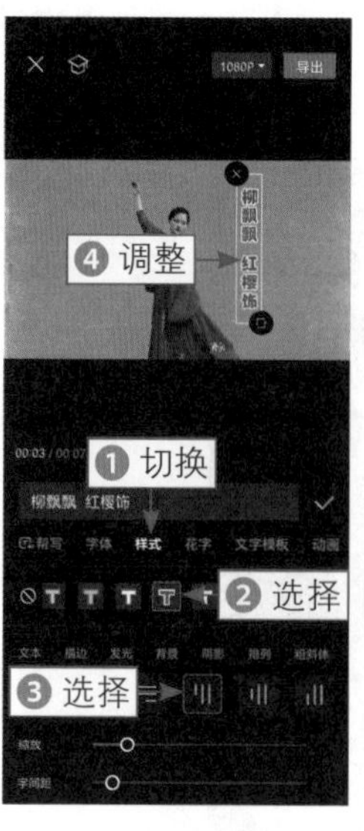

图 3-16　调整文字的大小和位置

图 3-17　设置动画时长

图 3-18　调整文本显示时长

图 3-19　点击“使用”按钮

图 3-20　添加音效

3.2.2　方式二：人物出框效果

扫码看教学视频　扫码看成品效果

【效果展示】：在剪映中运用“智能抠像”功能将人像抠出来，这样就能制作出新颖酷炫的人物出框效果。通过此效果可以看到原本人物在边框内，伴随着炸开的星火出现在相框之外，非常新奇有趣，效果如图3-21所示。

图 3-21　效果展示

下面介绍在手机版剪映中制作人物出框效果的操作方法。

步骤 01 在剪映中导入第 1 张照片素材，将素材的显示时长调整为 4s，如图 3-22 所示。

步骤 02 依次点击“特效”按钮和“画面特效”按钮，在特效素材库的“边框”选项卡中选择“原相机”特效，调整特效的持续时长，如图3-23所示。

图 3-22　调整素材的显示时长

图 3-23　调整特效的持续时长

步骤 03 在工具栏中点击“作用对象”按钮，在“作用对象”面板中选择“全局”选项，如图3-24所示。

步骤 04 ❶ 在预览区域中调整素材的画面位置；❷ 点击“导出”按钮，如图 3-25 所示，将视频导出备用。

图 3-24　选择“全局”选项（1）

图 3-25　点击“导出”按钮（1）

步骤 05 导出完成后，返回视频编辑界面。选择照片素材，点击“替换”按钮，在“照片视频”界面中选择第 2 张照片素材，即可完成素材的替换。❶ 调整画面大小；❷ 点击“导出”按钮，如图 3-26 所示，导出第 2 个视频备用。

步骤 06 新建一个草稿文件，❶在视频轨道中导入之前导出的两段视频素材，在画中画轨道的适当位置导入与视频对应的照片素材；❷在预览区域中调整照片素材的位置，如图3-27所示。

步骤 07 选择第 1 张照片素材，依次点击“抠像”按钮和“智能抠像”按钮，如图 3-28 所示，抠出人像。

步骤 08 返回到一级工具栏，点击“比例”按钮，在“比例”面板中选择9∶16选项，在预览区域调

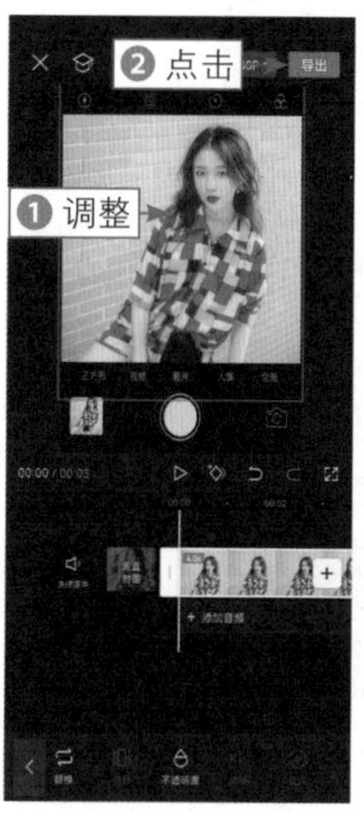

图 3-26　点击“导出”按钮（2）

图 3-27　调整照片素材的位置

整视频素材和照片素材的位置与大小，如图3-29所示。

图 3-28　点击“智能抠像”按钮

图 3-29　调整素材的位置与大小（1）

步骤 09 用同样的方法，抠出第2张照片素材的人像，并在预览区域调整视频和照片的位置与大小，如图3-30所示。

步骤 10 拖曳时间轴至视频起始位置，为视频添加“氛围”选项卡中的“关月亮”特效和“星火炸开”特效，调整两段特效的位置和时长，如图3-31所示。

图 3-30　调整素材的位置与大小（2）

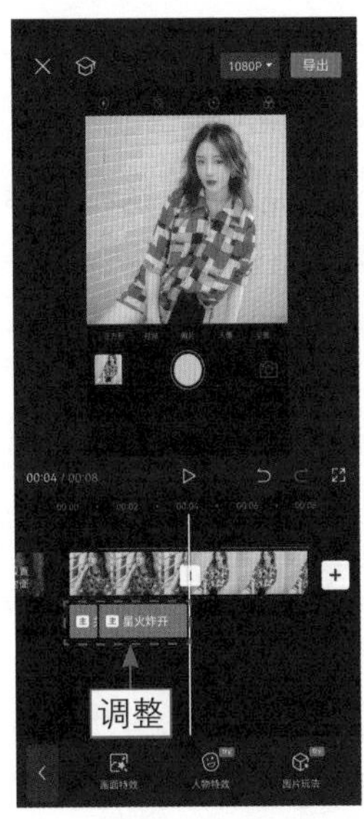

图 3-31　调整两段特效的位置和时长

步骤 11 选择“星火炸开”特效，在工具栏中点击“作用对象”按钮，在弹出的“作用对象”面板中选择“全局”选项，如图3-32所示。

步骤 12 用同样的方法，为第2段素材添加“关月亮”特效和“星火炸开”特效，调整两段特效的位置和时长，并更改“星火炸开”特效的作用对象，如图3-33所示。

图 3-32 选择“全局”选项（2）

图 3-33 更改“星火炸开”特效的作用对象

步骤 13 选择画中画轨道中的第1张照片素材，点击“动画”按钮，❶ 在“入场动画”选项卡中选择“向左滑动”动画；❷ 设置动画时长为1.0s，如图 3-34 所示。

步骤 14 用同样的方法，为画中画轨道中的第2张照片素材添加“向左滑动”入场动画，并设置动画时长为1.0s，如图3-35所示。

步骤 15 为视频添加合适的背景音乐，如图3-36所示。

步骤 16 最后调整音乐的时长与视频素材的时长一致，如图 3-37 所示。

图 3-34 设置动画时长（1）

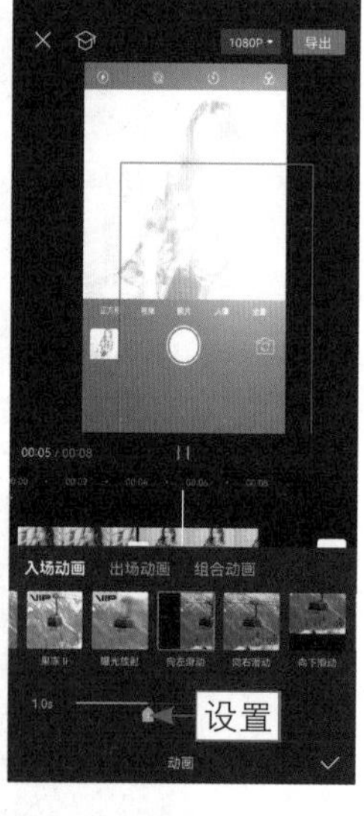

图 3-35 设置动画时长（2）

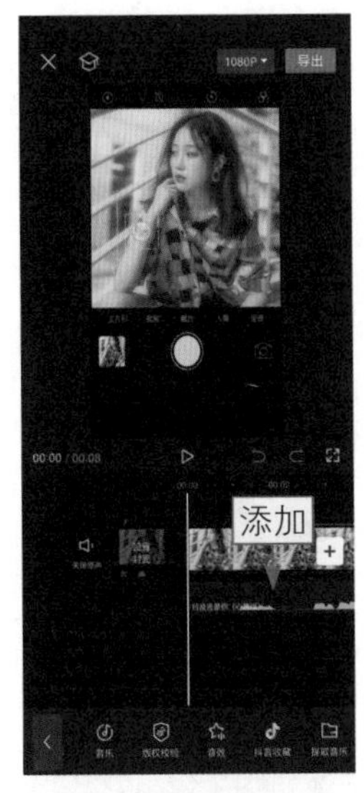

图 3-36　添加合适的背景音乐

图 3-37　调整音乐的时长

★ 专 家 提 醒 ★

在手机版剪映中，特效的作用对象决定了特效会在哪一个或哪几个素材中显示。在本案例中，“原相机”特效的默认“作用对象”为“主视频”，当用户在预览区域调整主视频的画面大小和位置时，特效也会随之变化。因此，要先将特效的“作用对象”更改为“全局”，再去调整主视频的画面位置和大小，这样才能制作出“原相机”特效的效果不变而主视频画面位置变化的效果。

3.2.3　方式三：召唤翅膀技能

扫码看教学视频

扫码看成品效果

【效果展示】：运用“智能抠像”功能可以把人物抠出来，再加入一个翅膀特效，让人物在翅膀的前面，就可以制作出人物发动技能召唤出翅膀的效果，且整体也比较自然，效果如图3-38所示。

图 3-38　效果展示

下面介绍在手机版剪映中制作技能召唤翅膀效果的具体操作方法。

步骤 01 在剪映App中导入一段视频素材，依次点击“画中画”按钮和“新增画中画”按钮，如图3-39所示。

步骤 02 进入“素材库”选项卡，通过搜索查找，在画中画轨道中添加一个翅膀素材，如图3-40所示。

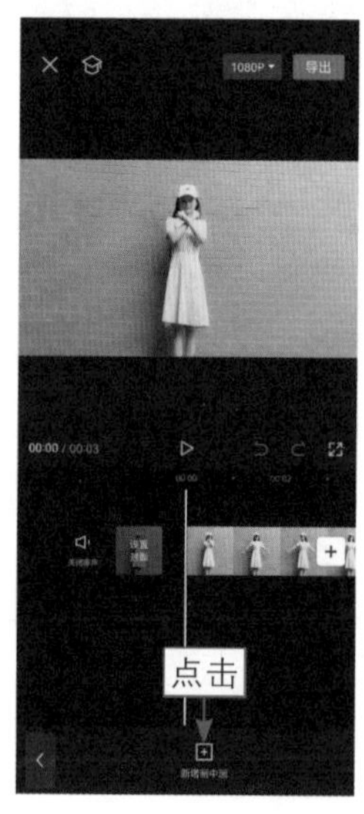

图 3-39　点击“新增画中画”按钮

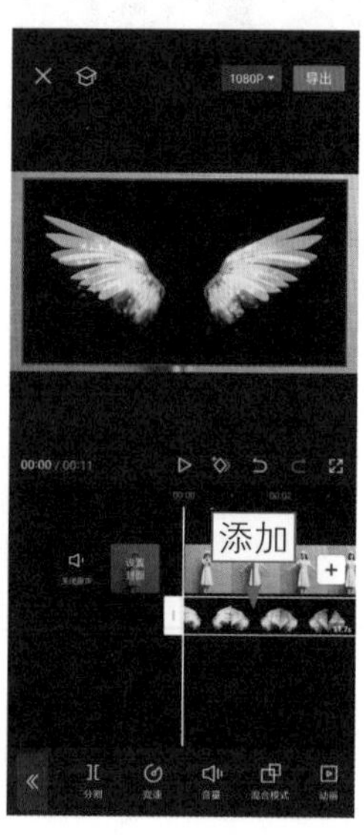

图 3-40　添加一个翅膀素材

步骤 03 点击“混合模式”按钮，选择“滤色”选项，如图3-41所示。

步骤 04 复制主轨道中的视频素材，点击“切画中画”按钮，将素材切换至第 1 个画中画轨道中，❶ 选择第 1 条画中画轨道中的素材，并调整其位置与主轨道完全对齐；❷ 将翅膀素材拖曳至第 2 个画中画轨道中，如图 3-42 所示。

步骤 05 ❶ 选择第 1 个画中画素材；❷ 点击“抠像”按钮，如图 3-43 所示。

图 3-41　选择“滤色”选项

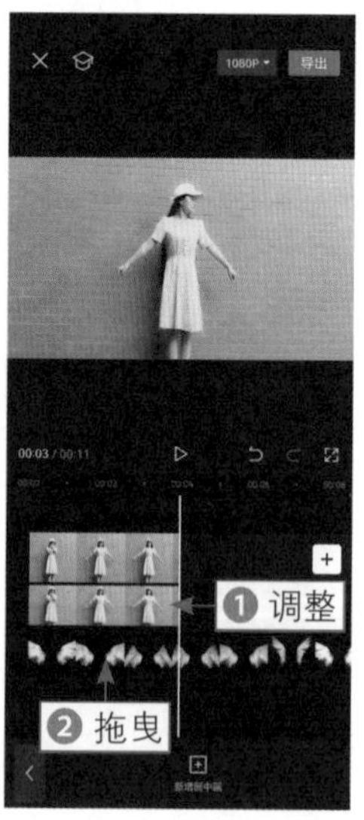

图 3-42　拖曳翅膀素材

步骤 06 点击“智能抠像”按钮后，稍等片刻，即可看到显示“抠像成功”字样，如图3-44所示，表示成功抠出人物。

步骤 07 拖曳时间轴至相应的位置，在预览区域中调整翅膀的位置和大小，调整翅膀素材的显示时长，使其结束位置与视频的结束位置对齐，图3-45所示。

图 3-43　点击“抠像”按钮

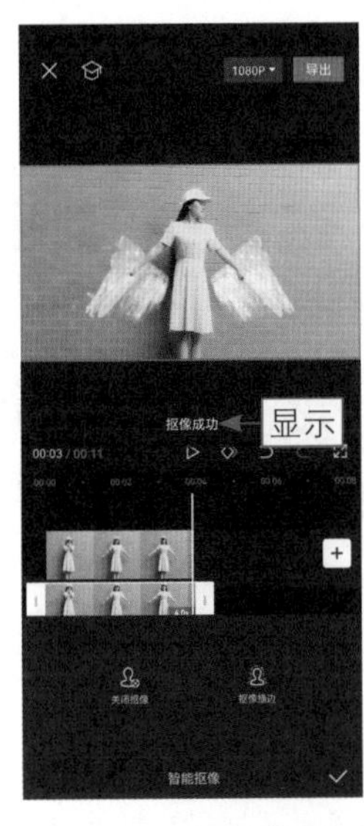

图 3-44　显示“抠像成功”字样

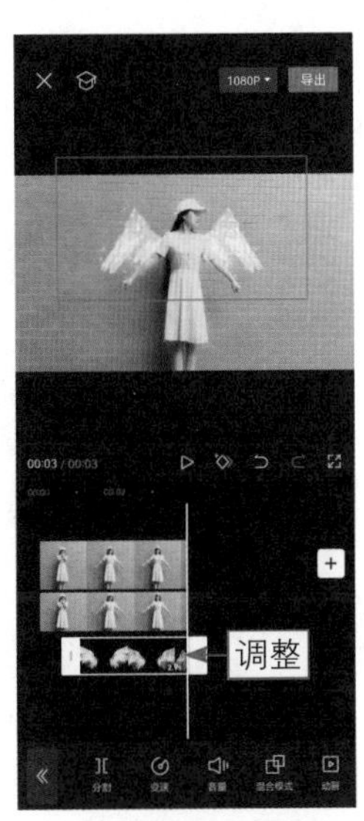

图 3-45　调整翅膀素材的显示时长

步骤 08 返回一级工具栏，❶ 拖曳时间轴至视频起始位置；❷ 点击“特效”按钮，如图 3-46 所示。

步骤 09 点击“画面特效”按钮，在“氛围”选项卡中选择“星火炸开”特效，添加该特效，并调整特效的时长，使其开始位置与翅膀出现的位置对齐，如图 3-47 所示。

图 3-46　点击“特效”按钮

图 3-47　调整特效的时长

3.2.4 方式四：自定义抠像蝴蝶

扫码看教学视频

扫码看成品效果

【效果展示】：在剪映中运用“自定义抠像”功能将蝴蝶抠出来，这样就能制作出蝴蝶飞舞的效果——抠出的蝴蝶在荷花周围飞舞，与加入的浅色“蝴蝶”特效互相映衬，显得格外显眼，效果如图3-48所示。

图 3-48 效果展示

下面介绍在手机版剪映中制作蝴蝶飞舞效果的操作方法。

步骤 01 在剪映中导入一张照片素材，将素材的时长调整为 8s，如图 3-49 所示。

步骤 02 在画中画轨道中添加一段蝴蝶视频素材，调整其位置与照片素材的位置对齐，如图3-50所示。

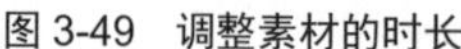

图 3-49 调整素材的时长

图 3-50 调整蝴蝶视频素材的位置

步骤 03 选择画中画素材，依次点击“抠像”按钮和“自定义抠像”按钮，如图3-51所示。

步骤 04 默认选择“快速画笔”选项，在预览区域中拖曳白色圆环，即可涂抹需要抠取的蝴蝶，如图3-52所示。

步骤 05 在涂抹的过程中，系统会识别涂抹的区域进行抠像处理，并显示抠像进度，如图3-53所示。稍等片刻，即可抠出涂抹区域。若是涂抹了多余的部分，可以选择“擦除”选项，进行修改。

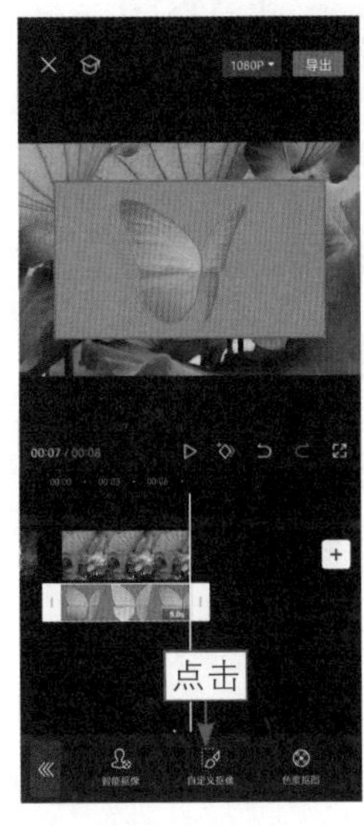

图 3-51 点击“自定义抠像”按钮

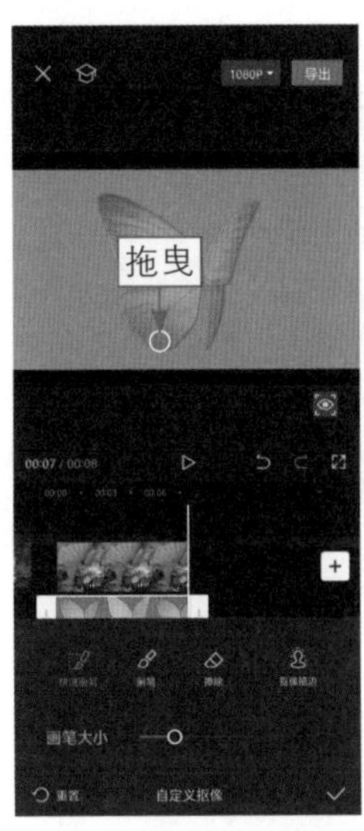

图 3-52 拖曳白色圆环

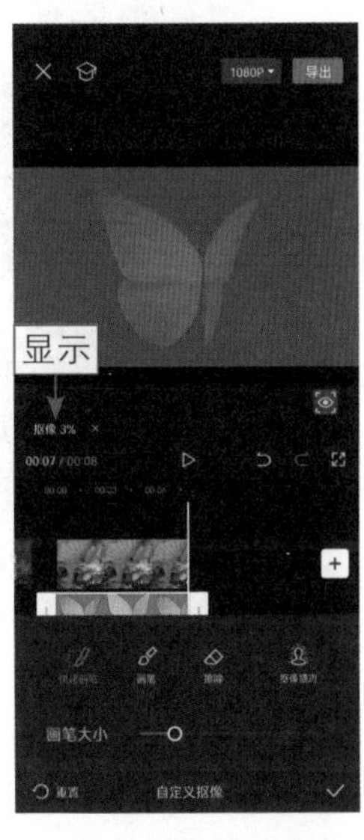

图 3-53 显示抠像进度

步骤 06 抠像成功后，在预览区域中调整蝴蝶素材的位置和大小，如图3-54所示。

步骤 07 执行操作后，拖曳时间轴至画中画素材的起始位置，点击◇按钮添加第 1 个关键帧，如图 3-55 所示。

步骤 08 拖曳时间轴至画中画素材的末尾位置，调整蝴蝶素材的位置，自动添加第 2 个关键帧，如图 3-56 所示，制作出蝴蝶飞向花蕊的运动轨迹。

步骤 09 返回一级工具栏，依次点击“特效”按钮和“画面特效”按钮，

图 3-54 调整蝴蝶素材的位置和大小

图 3-55 添加第 1 个关键帧

在“氛围”选项卡中选择“蝴蝶”特效，如图3-57所示，添加特效丰富视频画面。

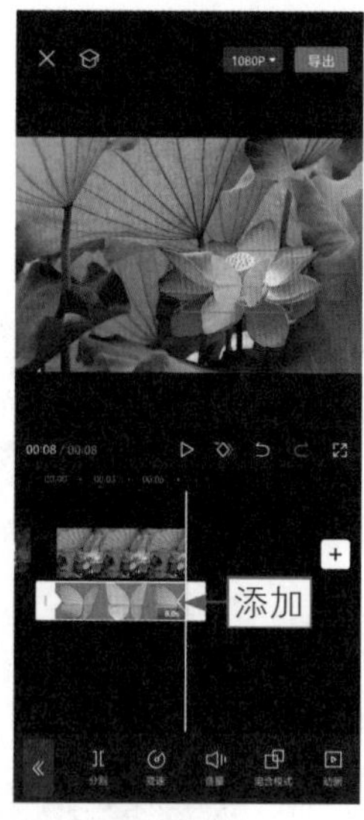

图3-56　添加第2个关键帧

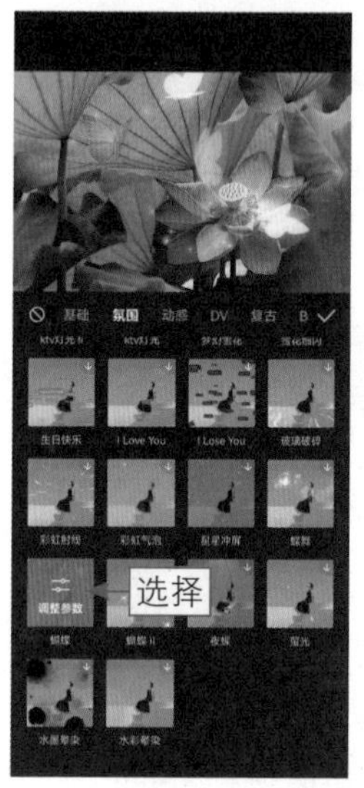

图3-57　选择“蝴蝶”特效

步骤 10 调整“蝴蝶”特效的持续时长，使其与照片素材的时长对齐，如图3-58所示。

步骤 11 返回一级工具栏，在照片素材的起始位置，依次点击“文字”按钮和“文字模板”按钮，如图3-59所示。

图3-58　调整“蝴蝶”特效的持续时长

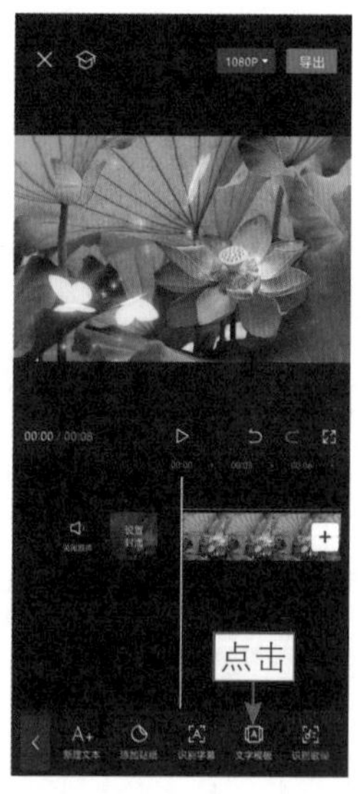

图3-59　点击“文字模板”按钮

步骤 12 ❶在“热门”选项区中选择一款合适的文字模板；❷修改文字内

容；❸在预览区域中调整其位置和大小，如图3-60所示。

步骤 13 添加文字模板之后，调整其持续时长，如图3-61所示。

步骤 14 最后为视频添加合适的背景音乐，效果如图3-62所示。

图 3-60　调整文字模板的位置和大小

图 3-61　调整持续时长

图 3-62　添加合适的背景音乐

3.2.5　方式五：穿越手机换景

扫码看教学视频

扫码看成品效果

【效果展示】：运用“色度抠图”功能可以套用很多素材，比如穿越手机这个素材，可以在镜头慢慢推进至手机屏幕后，进入全屏状态穿越至手机中的世界，效果如图3-63所示。

图 3-63　效果展示

下面介绍在手机版剪映中制作穿越手机换景效果的操作方法。

步骤 01 导入一段绿幕素材和一段背景素材，将绿幕素材切换至画中画轨道，如图3-64所示。

步骤 02 依次点击“抠像”按钮和“色度抠图”按钮，进入抠图界面，在预览区域中拖曳取色器，取样画面中的绿色，如图3-65所示。

步骤 03 ❶选择“强度”选项；❷拖曳滑块，设置其参数为100，如图3-66所示。

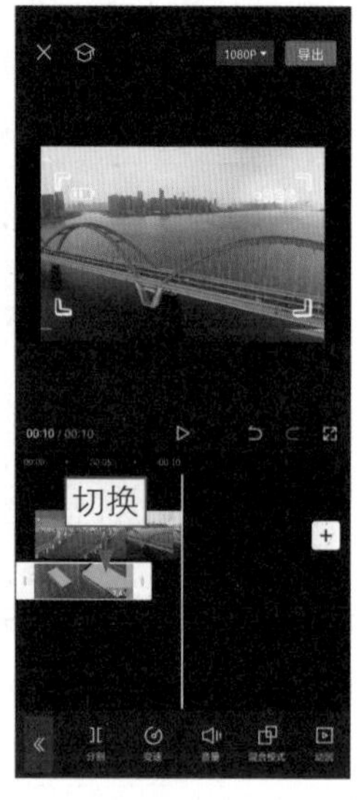

图 3-64 将绿幕素材切换至画中画轨道

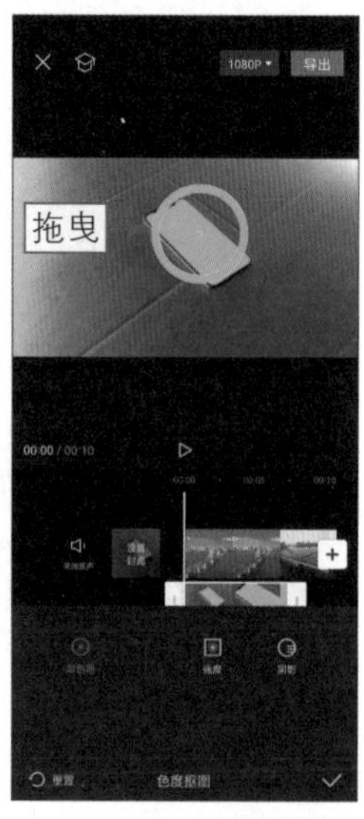

图 3-65 取样画面中的绿色

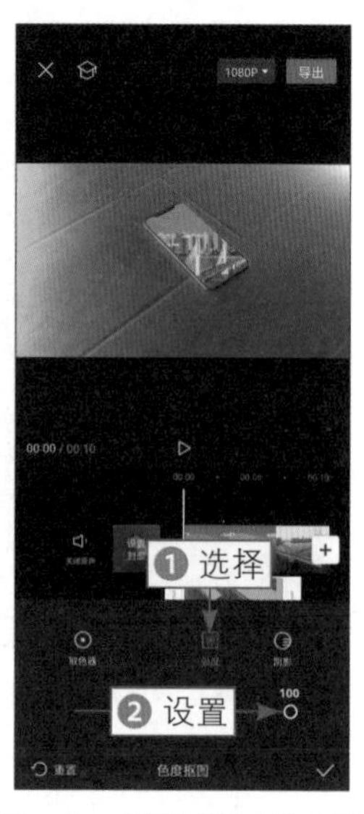

图 3-66 设置“强度”参数

步骤 04 用同样的方法，设置“阴影”参数为 100，如图 3-67 所示。

步骤 05 完成抠图后，适当放大背景素材，使其铺满整个预览区域，如图 3-68 所示，即可完成穿越手机换景的效果。

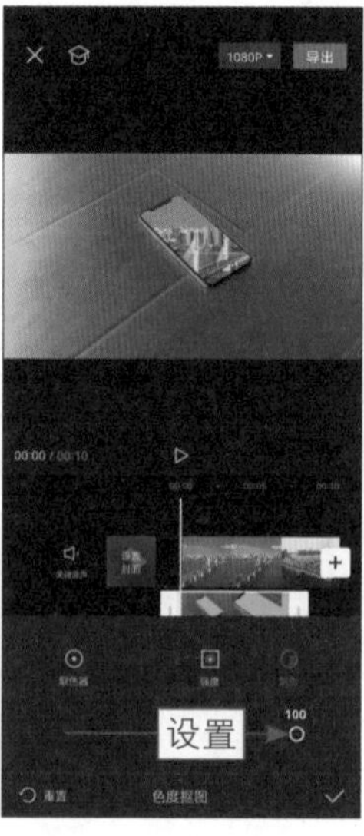

图 3-67 设置“阴影”参数

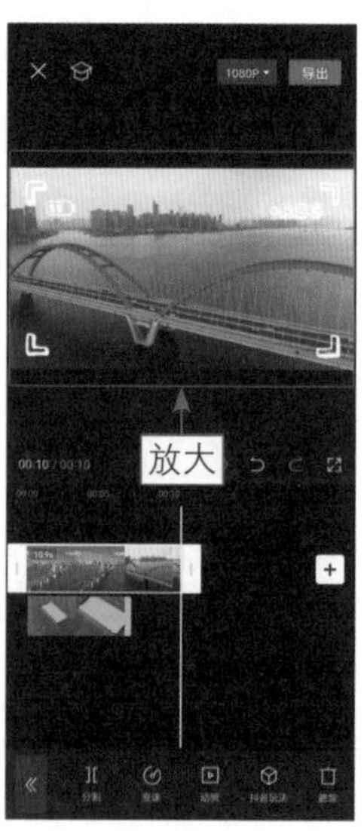

图 3-68 放大背景素材

3.2.6 方式六：镂空文字穿越

扫码看教学视频

扫码看成品效果

【效果展示】：在剪映中运用“色度抠图”功能，可以制作出镂空文字穿越开场特效，让视频随着文字的放大而出现，效果如图3-69所示。

图 3-69 效果展示

下面介绍在手机版剪映中制作镂空文字穿越效果的操作方法。

步骤 01 在手机版剪映中，添加绿幕背景图片，调整时长为4s，如图3-70所示。

步骤 02 新建一个文本，❶输入内容；❷选择一种字体，如图3-71所示。

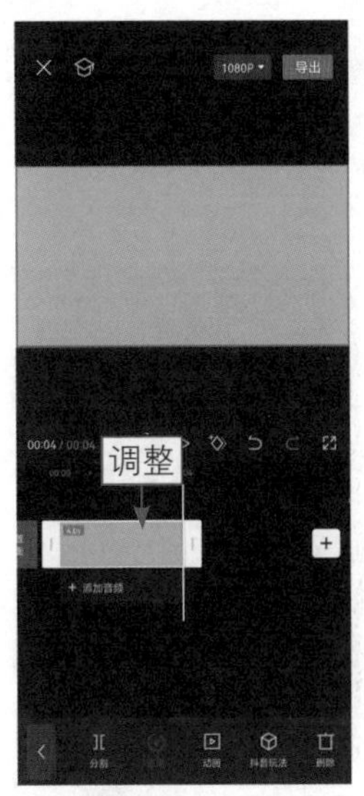

图 3-70 调整绿幕背景图片的时长

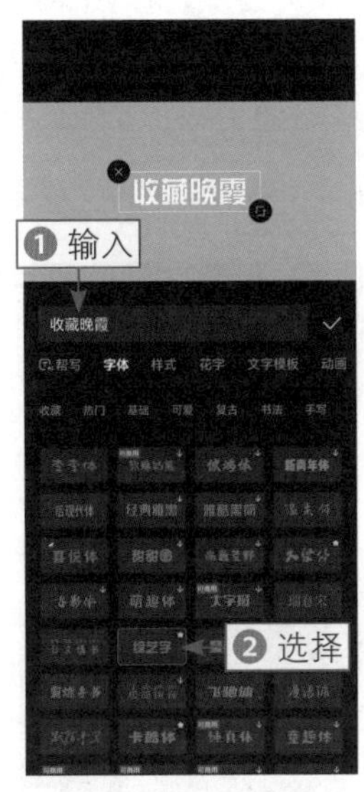

图 3-71 选择一种字体

步骤 03 ❶切换至“样式”选项卡；❷选择红色块，如图3-72所示，设置文字的颜色为红色。

步骤 04 执行操作后，❶调整文本持续时长与绿幕图片的时长一致；❷在文本开始的位置添加第1个关键帧；❸将文字稍微调大，如图3-73所示。

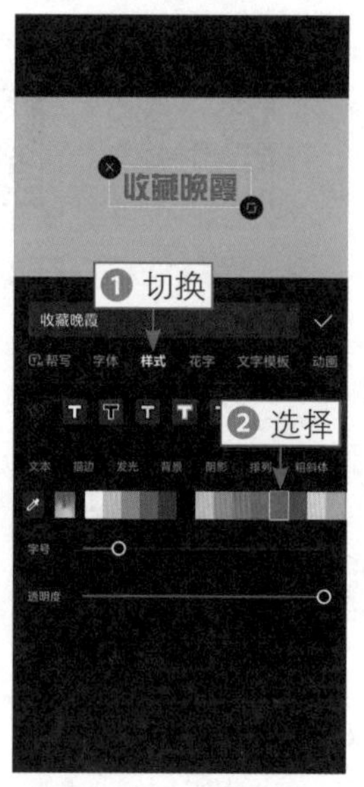

图 3-72　选择红色块

图 3-73　将文字稍微调大

步骤 05 ❶拖曳时间轴至第2s的位置；❷再次调大文字；❸此时会自动为文本添加第2个关键帧，如图3-74所示。

步骤 06 ❶拖曳时间轴至视频结束的位置；❷再次将文字放大，使画面中呈现绿幕素材，模拟文字开场的效果；❸此时会自动为文本添加第3个关键帧，如图3-75所示，将制作好的文字导出为视频备用。

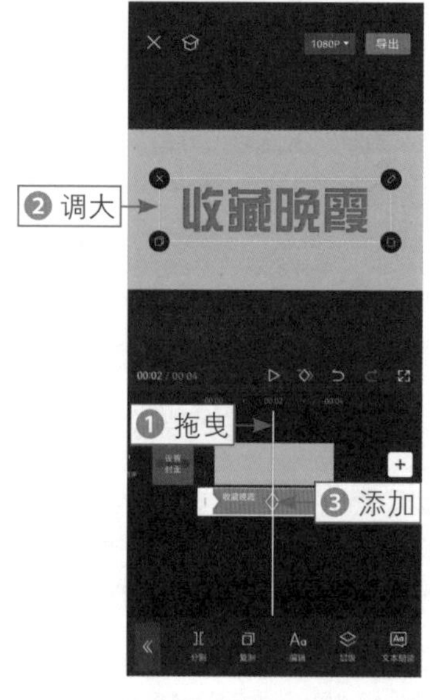

图 3-74　添加第 2 个关键帧

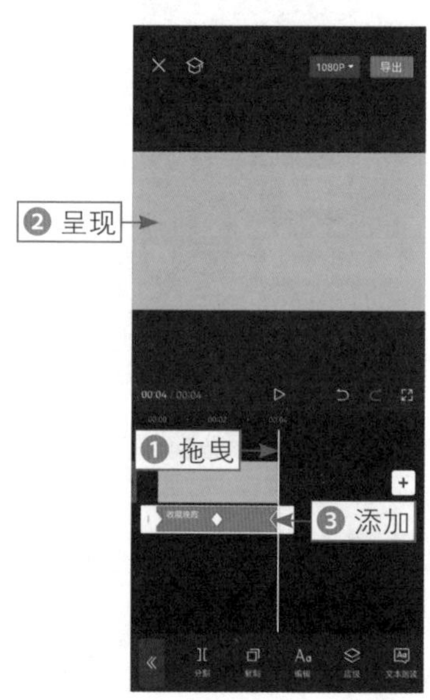

图 3-75　添加第 3 个关键帧

步骤 07 新建一个草稿文件，❶在视频轨道中添加第1段视频素材；❷在画中画轨道中添加上一步导出的文字视频，如图3-76所示。

步骤 08 ❶调整文字视频的大小，使其铺满整个屏幕；❷依次点击“抠像”按钮和“色度抠图”按钮，如图3-77所示。

图 3-76　添加上一步导出的文字视频

图 3-77　点击“色度抠图”按钮（1）

步骤 09 使用“色度抠图”功能抠取红色文字中的红色，如图 3-78 所示，并设置“强度”参数为 100。执行上述操作后，将制作好的第 2 个文字视频导出备用。

步骤 10 再次新建一个草稿文件，❶在视频轨道中添加第2段视频素材；❷在画中画轨道中添加上一步导出的第2个文字视频，如图3-79所示。

步骤 11 ❶选择文字视频；❷依次点击“抠像”按钮和“色度抠图”按钮，如图 3-80 所示。

图 3-78　抠取红色文字中的红色

图 3-79　添加上一步导出的第 2 个文字视频

步骤 12 使用“色度抠图”功能抠取绿色，如图3-81所示，并设置“强度”参数为50，执行操作后，即可完成镂空文字穿越开场效果的制作。

图 3-80　点击“色度抠图”按钮（2）

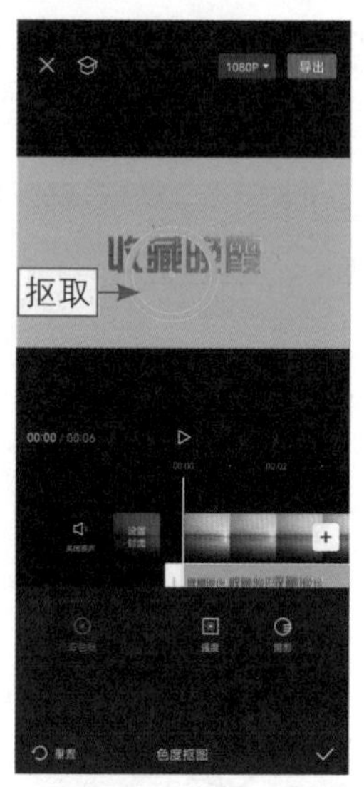

图 3-81　抠取绿色

3.2.7　方式七：文字分割开场

扫码看教学视频

扫码看成品效果

【效果展示】：在剪映中制作上下分屏镂空片头，首先需要制作一个黑底白字的文字视频，然后通过“正片叠底”混合模式、“线性”蒙版、添加关键帧，以及出场动画，制作文字分割开场效果，效果如图3-82所示。

图 3-82　效果展示

下面介绍在手机版剪映中制作文字分割开场效果的操作方法。

步骤 01 在手机版剪映中，❶创建两个黑底白字的文本；❷调整两个文本的位置和大小，如图3-83所示，将制作好的文字导出为视频备用。

步骤02 新建一个草稿文件，❶将背景视频和文字视频分别添加到视频轨道和画中画轨道中；❷选择文字视频；❸点击“混合模式”按钮，如图3-84所示。

步骤03 选择“正片叠底”选项，如图3-85所示，制作文字镂空效果。

图 3-83 调整文本的位置和大小

图 3-84 点击“混合模式”按钮

图 3-85 选择“正片叠底”选项

步骤04 ❶ 拖曳时间轴至第 1.5s 左右的位置；❷ 在文字视频上添加一个关键帧；❸ 点击“蒙版”按钮，如图 3-86 所示。

步骤05 在“蒙版”面板中，选择“线性”蒙版，如图 3-87 所示。

步骤06 点击✓按钮返回，❶拖曳时间轴至文字视频结束的位置；❷向上拖曳蒙版线，直至看不到文字，如图3-88所示，此时会自动添加第2个关键帧。

步骤07 ❶复制文字视频并拖曳至第2条画中画轨道中；❷在文字视频结束的位置点击“蒙版”按钮，如图3-89所示。

步骤08 在“蒙版”面板中，点击“反转”按钮，向下拖曳蒙版线至看不到文字，如图3-90所示。

图 3-86 点击“蒙版”按钮（1）

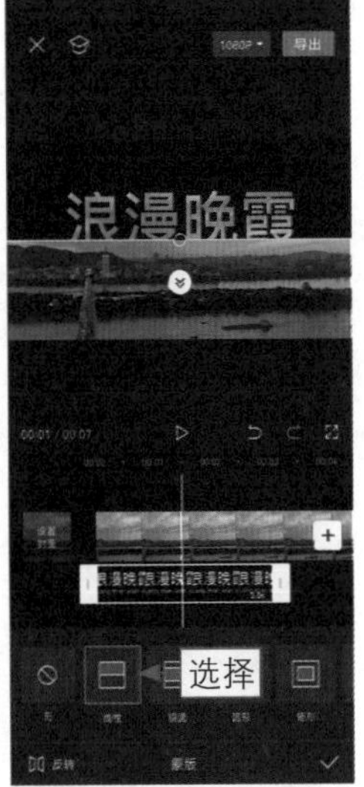

图 3-87 选择“线性”蒙版

至此，通过制作上下分屏镂空片头完成文字分割开场的制作。

图 3-88　向上拖曳蒙版线

图 3-89　点击“蒙版”按钮（2）

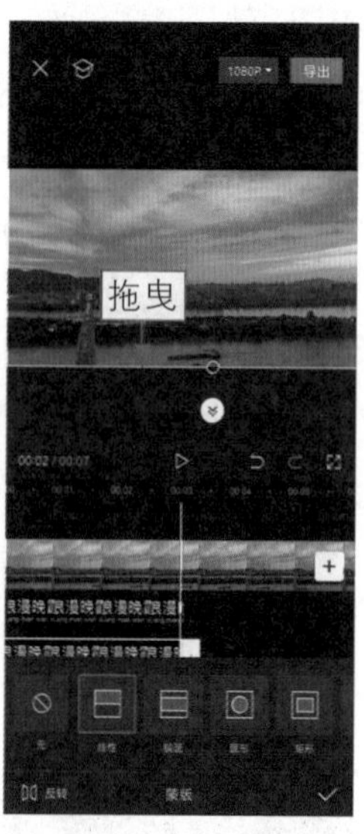

图 3-90　向下拖曳蒙版线

3.3　电脑版剪映抠图的7种方式

电脑版剪映中的抠图功能与手机版剪映的相差无几，都包括色度抠图、自定义抠像、智能抠像和混合模式，但运用这4种抠图功能在电脑版剪映中可以有不同的玩法。本节将介绍电脑版剪映抠图的7种方式。

3.3.1　方式一：抠人物换背景

【效果展示】：在电脑版剪映中运用“智能抠像”功能可以更换视频的背景，做出让人身临其境的效果，如图3-91所示。

扫码看教学视频

扫码看成品效果

图 3-91　效果展示

下面介绍在电脑版剪映中抠除人像更换背景的操作方法。

步骤 01 在剪映的视频轨道上添加视频素材和照片素材，如图3-92所示。

步骤 02 ❶将视频素材拖曳至画中画轨道中；❷调整照片素材的时长，使其与视频素材时长一致，如图3-93所示。

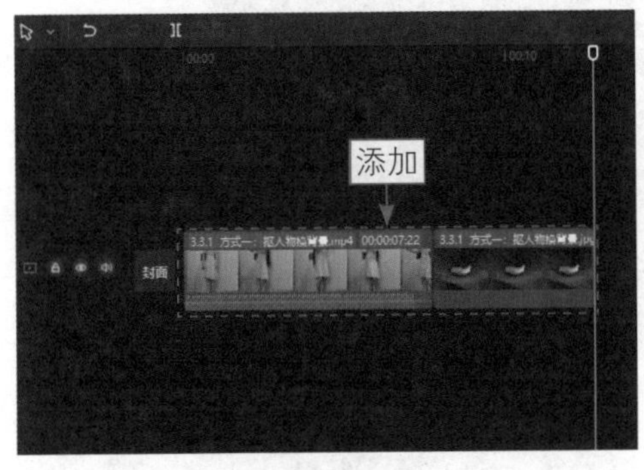

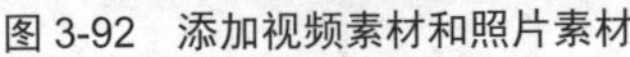
图 3-92　添加视频素材和照片素材

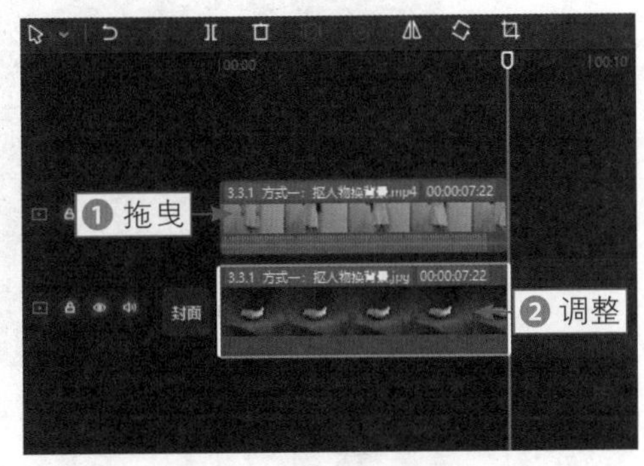

图 3-93　调整照片素材的时长

步骤 03 选择视频素材，在"画面"操作区中，❶切换至"抠像"选项卡；❷选中"智能抠像"复选框，如图3-94所示，对人像视频进行抠像处理。

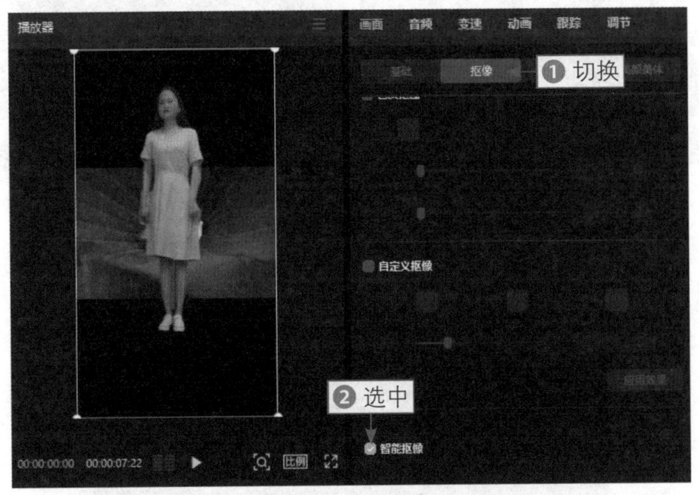

图 3-94　选中"智能抠像"复选框

步骤 04 在"播放器"窗口中，❶设置视频的画布比例为16：9；❷调整照片素材和视频素材的画面大小，如图3-95所示，制作出人物在花瓣上跳舞的效果。

步骤 05 单击"特效"按钮，如图3-96所示，展开"画面特效"选项卡。

步骤 06 在"金粉"选项区中，单击"精灵闪粉"特效右下角的"添加到轨道"按钮⊕，如图3-97所示，添加第1个特效。

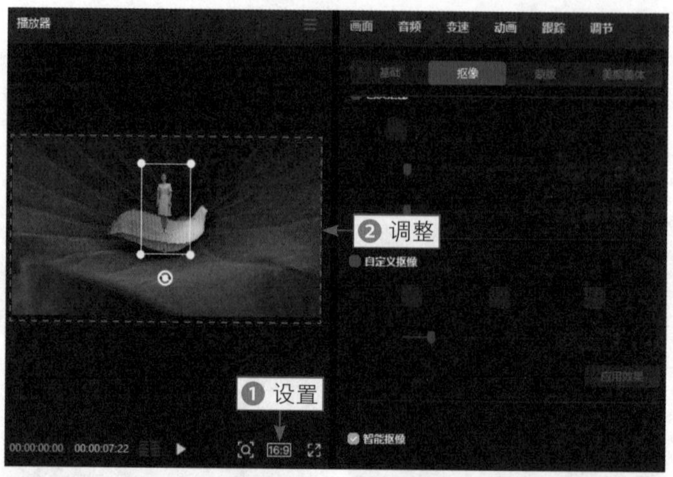

图 3-95　调整照片素材和视频素材的画面大小

图 3-96　单击“特效”按钮

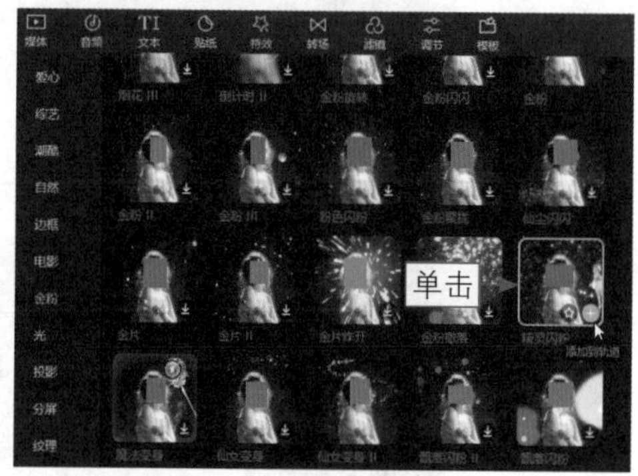

图 3-97　单击“添加到轨道”按钮（1）

步骤 07 用同样的方法，单击“金粉闪闪”特效右下角的“添加到轨道”按钮，如图3-98所示，添加第2个特效。

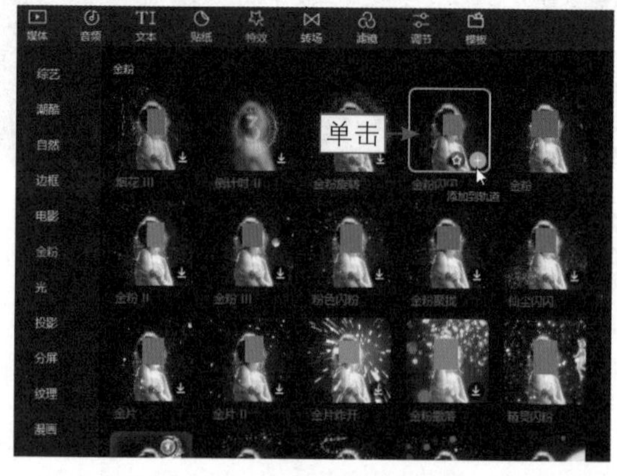

图 3-98　单击“添加到轨道”按钮（2）

步骤 08 调整两个特效的持续时长和在轨道中的位置，如图3-99所示，使其与画面更贴切。至此，即实现了抠人物换背景的效果。

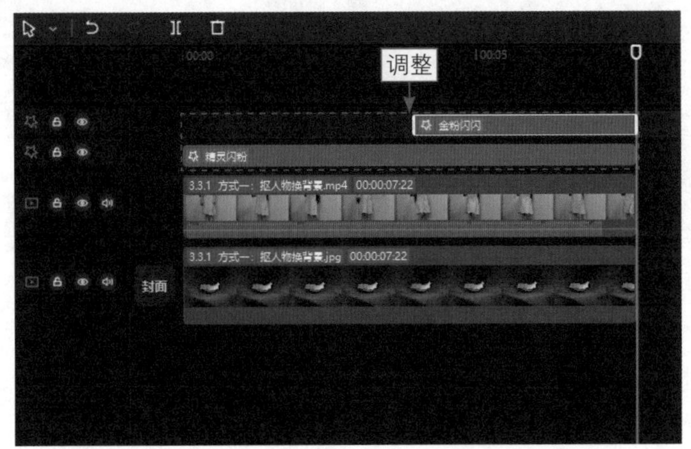

图 3-99 调整两个特效的持续时长和在轨道中的位置

3.3.2 方式二：保留人物色彩

扫码看教学视频

扫码看成品效果

【效果展示】：在剪映中先将视频色彩变为与下雪天较为应景的灰白色，然后运用“智能抠像”功能可以把原视频中的人物抠出来，从而保留人物色彩，效果如图3-100所示。

图 3-100 效果展示

下面介绍在电脑版剪映中制作保留人物色彩效果的操作方法。

步骤 01 在视频轨道中添加视频素材，如图3-101所示。

步骤 02 在“滤镜”功能区的“黑白”选项卡中，单击“默片”滤镜右下角的“添加到轨道”按钮，如图3-102所示，即可在轨道上添加“默片”滤镜。

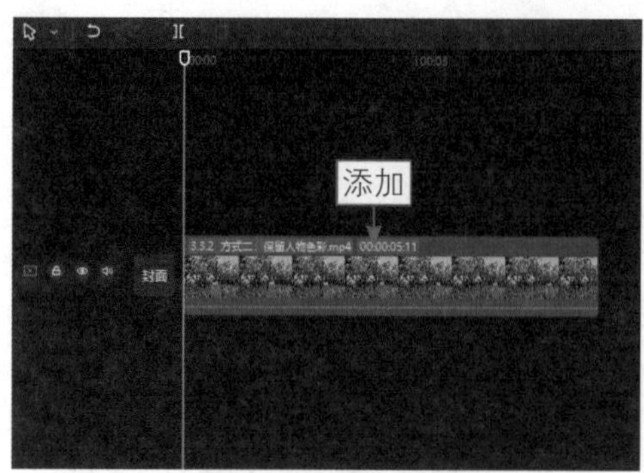

图 3-101　添加视频素材

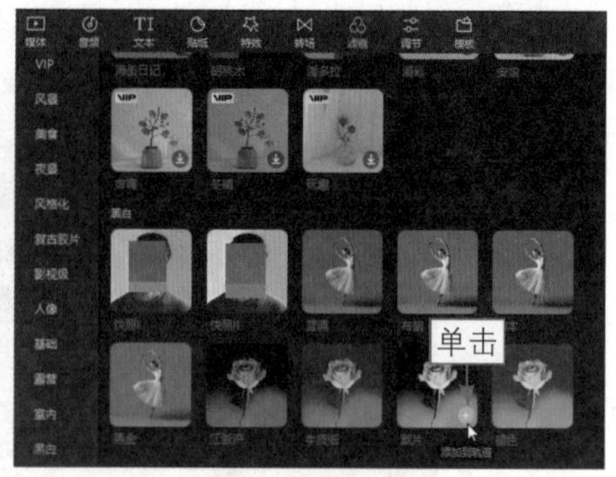

图 3-102　单击“添加到轨道”按钮（1）

步骤 03 在“调节”功能区中，单击“自定义调节”选项的“添加到轨道”按钮，如图3-103所示，即可添加“调节1”效果。

步骤 04 将“默片”滤镜和“调节1”效果的持续时长调整为与视频时长一致，如图3-104所示。

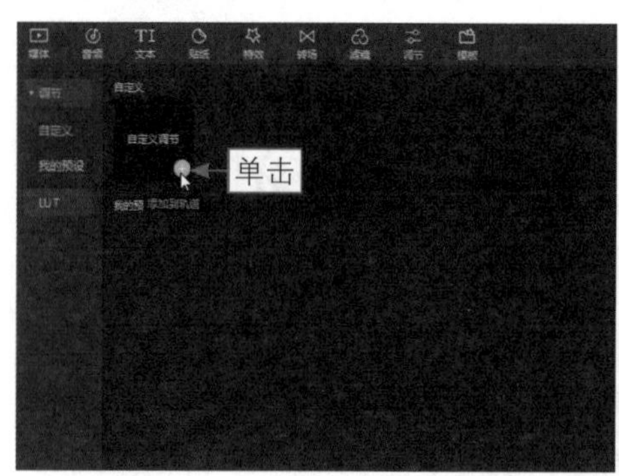

图 3-103　单击“添加到轨道”按钮（2）

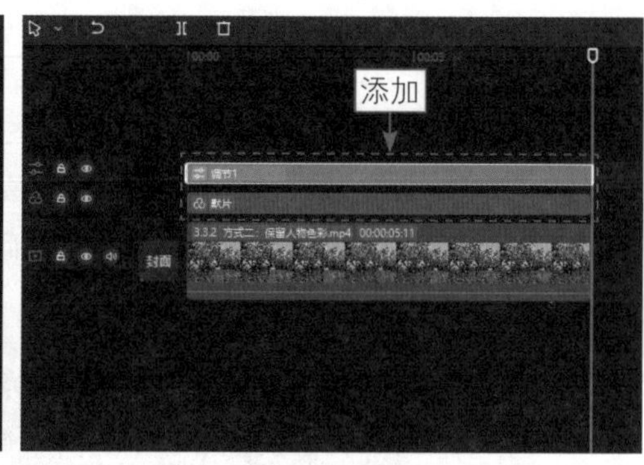

图 3-104　调整滤镜和效果持续时长

步骤 05 选择“调节1”效果，在“调节”操作区中，设置“对比度”参数为-16、“高光”参数为-15、“光感”参数为-12、“锐化”参数为13，制作调色视频，如图3-105所示。执行操作后，将调色后的视频导出备用。

图 3-105　设置相应的参数

步骤 06 将所有轨道清空，在“媒体”功能区中导入调色视频，如图3-106所示。

步骤 07 执行操作后，将调色视频和原视频分别添加到视频轨道和画中画轨道上，如图3-107所示。

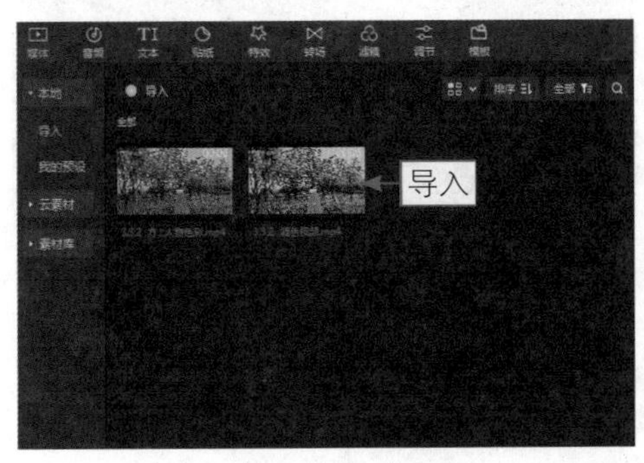

图 3-106 导入调色视频

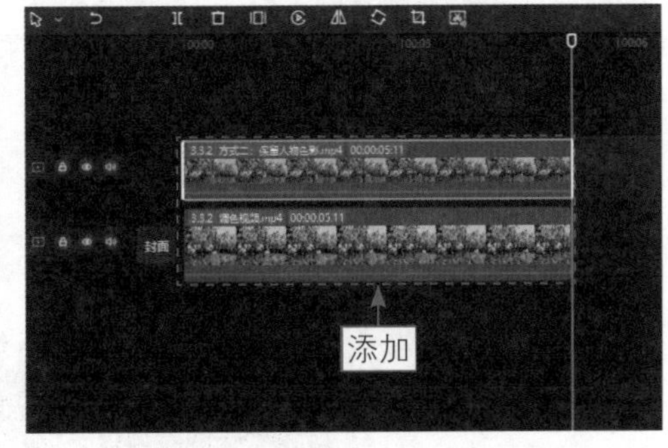

图 3-107 添加调色视频和原视频

步骤 08 ❶拖曳时间轴至00:00:03:00的位置；❷选择画中画轨道中的原视频；❸单击“分割”按钮，如图3-108所示，将视频分割为两段。

步骤 09 默认选择画中画轨道中的第 2 段人物素材，在“画面”操作区，❶切换至“抠像”选项卡；❷选中“智能抠像”复选框，将人物抠出来，如图 3-109所示。

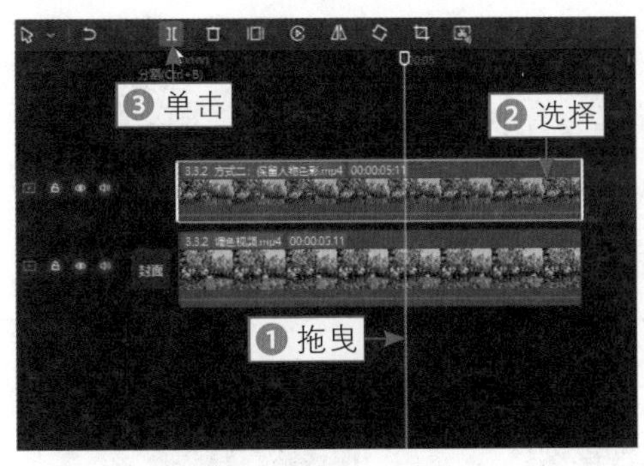

图 3-108 单击“分割”按钮

图 3-109 选中“智能抠像”复选框

步骤 10 在“特效”功能区的“自然”选项卡中，单击“大雪纷飞”特效的“添加到轨道”按钮，如图3-110所示，添加一个特效。

步骤 11 调整“大雪纷飞”特效的持续时长，如图3-111所示。

步骤 12 最后为视频添加合适的背景音乐，如图3-112所示。至此，完成保留人物色彩视频的制作。

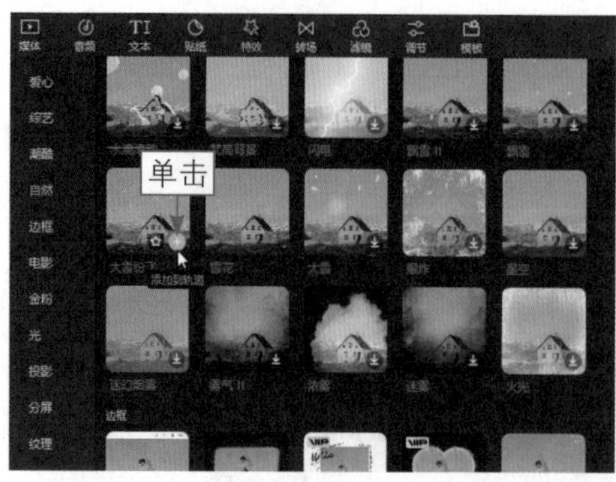

图 3-110　单击“添加到轨道”按钮（3）

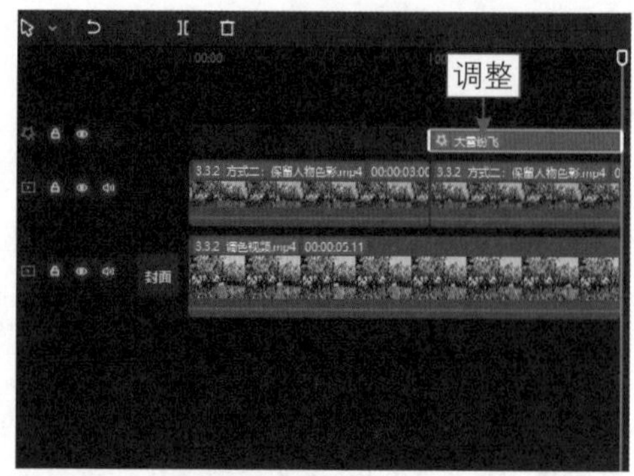

图 3-111　调整特效持续时长

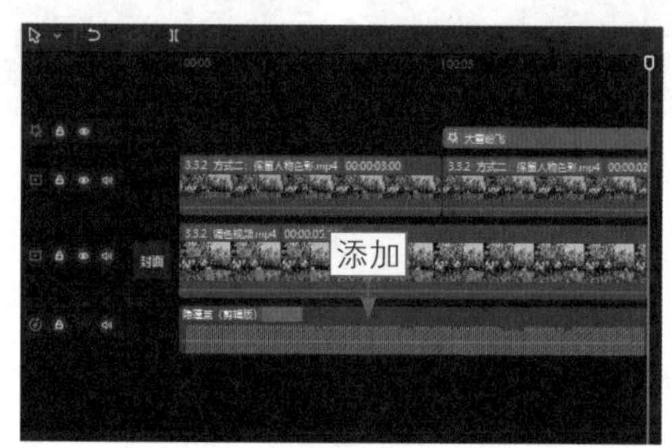

图 3-112　添加合适的背景音乐

3.3.3　方式三：人物穿过文字

扫码看教学视频　扫码看成品效果

【效果展示】：人物穿过文字效果主要运用剪映中的“智能抠像”功能制作而成，让人物从文字中间穿过去，走到文字的前面，效果展示如图3-113所示。

图 3-113　效果展示

下面介绍在电脑版剪映中制作人物穿过文字的操作方法。

步骤 01 在视频轨道中，添加一个黑色背景的文字素材和一个人物向前走的视频素材，将文字素材拖曳至画中画轨道中，如图3-114所示。

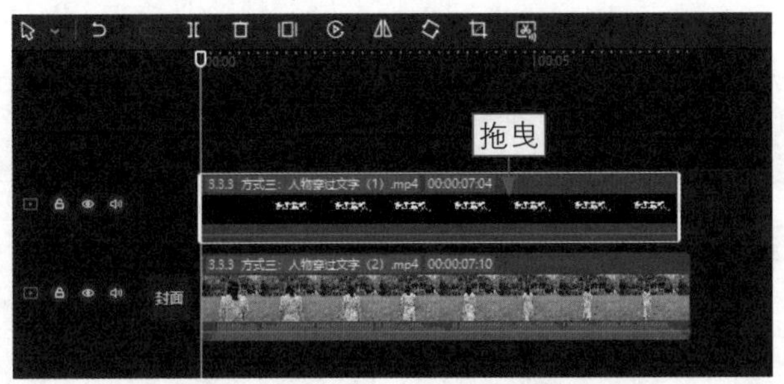

图 3-114 将文字素材拖曳至画中画轨道中

步骤 02 选择文字素材，在“画面”操作区的“基础”选项卡中，将“混合模式”设置为“滤色”模式，如图3-115所示，去除素材中的黑色。

图 3-115 设置“滤色”混合模式

步骤 03 选择人物视频素材，按【Ctrl+C】组合键和【Ctrl+V】组合键进行复制和粘贴，将人物视频素材粘贴到画中画轨道中，如图3-116所示。

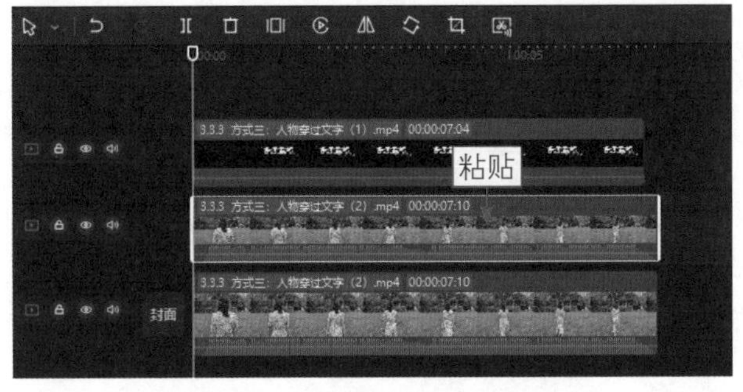

图 3-116 将素材粘贴到画中画轨道

步骤 04 选择画中画轨道中的人物视频素材，在“画面”操作区的“抠像”选项卡中，选中“智能抠像”复选框，如图3-117所示，抠取人物。

步骤 05 抠出人物后，调整抠取的人物素材的持续时长为3.0s，如图3-118所示。

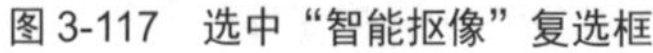
图 3-117　选中“智能抠像”复选框

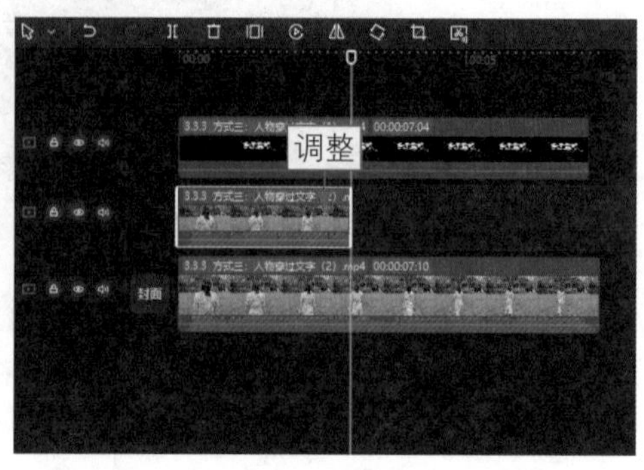

图 3-118　调整抠取的人物素材的持续时长

步骤 06 在“播放器”窗口中，调整文字素材在画面中的位置，如图3-119所示，使其位于画面的中心。

步骤 07 最后调整视频轨道中素材的持续时长，使其与文字素材的持续时长一致，如图3-120所示，让视频的结束画面更有美感。

图 3-119　调整文字素材在画面中的位置

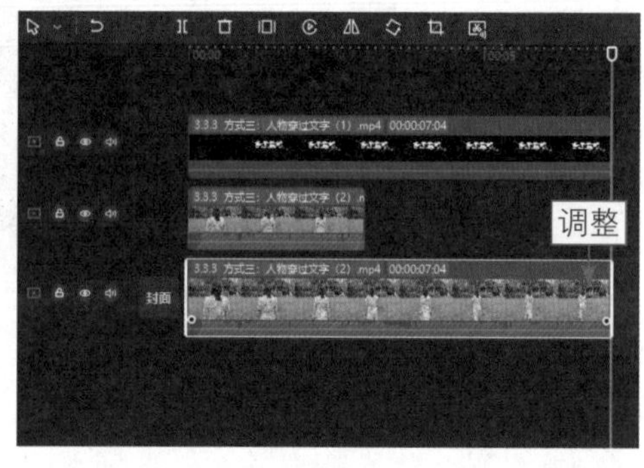

图 3-120　调整视频轨道中素材的持续时长

3.3.4　方式四：开门更换场景

扫码看教学视频

扫码看成品效果

【效果展示】：“色度抠图”功能与绿幕素材搭配可以制作出意想不到的视频效果。比如开门穿越这个素材就能给人期待感，等门打开后显示视频，可以给人眼前一亮的效果，效果如图 3-121 所示。

图 3-121　效果展示

下面介绍在电脑版剪映中制作开门更换场景的操作方法。

步骤 01 在电脑版剪映中导入背景视频和绿幕素材，如图3-122所示。

步骤 02 将背景视频素材和绿幕素材分别添加至视频轨道和画中画轨道中，如图3-123所示。

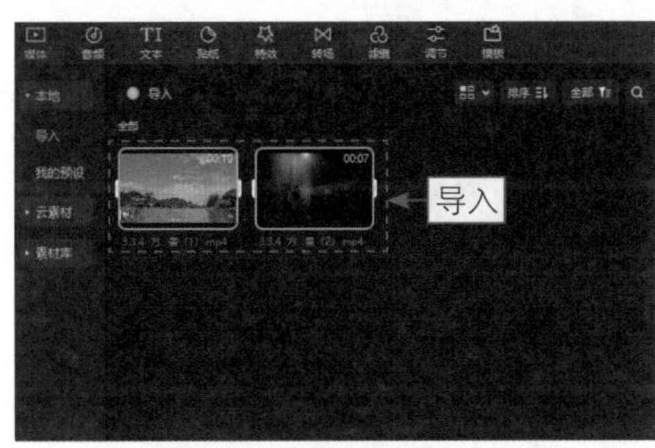

图 3-122　导入背景视频和绿幕素材

图 3-123　分别添加素材

步骤 03 拖曳时间轴至相应的位置，选择绿幕素材，在“画面”操作区，❶切换至“抠像”选项卡；❷选中“色度抠图”复选框；❸单击“取色器”按钮，拖曳取色器，取样画面中的绿色，如图3-124所示。

步骤 04 拖曳滑块，设置“强度”和“阴影”参数均为100，如图3-125所示。

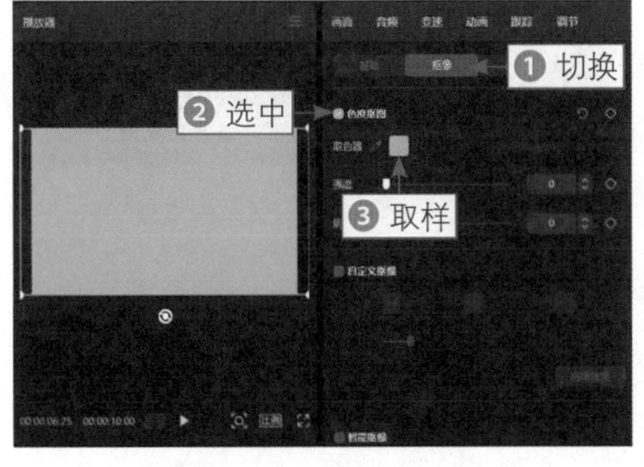

图 3-124　取样画面中的绿色

图 3-125　设置“强度”和“阴影”参数

3.3.5 方式五：模拟飞机飞过

扫码看教学视频

扫码看成品效果

【效果展示】：剪映自带的素材库中提供了很多绿幕素材，我们可以直接使用相应的绿幕素材做出满意的视频效果。例如，使用飞机飞过绿幕素材就可以轻松制作出飞机飞过眼前的视频效果，效果展示如图3-126所示。模拟飞机飞过这一效果，可以在制作延时视频时用于丰富画面。

图 3-126 效果展示

下面介绍在电脑版剪映中使用飞机飞过效果的操作方法。

步骤 01 在视频轨道中添加视频素材，如图3-127所示。

步骤 02 在“媒体”功能区中切换至“素材库”|“绿幕”选项卡，单击“添加到轨道”按钮，将飞机飞过绿幕素材添加并拖曳至画中画轨道中，如图3-128所示。

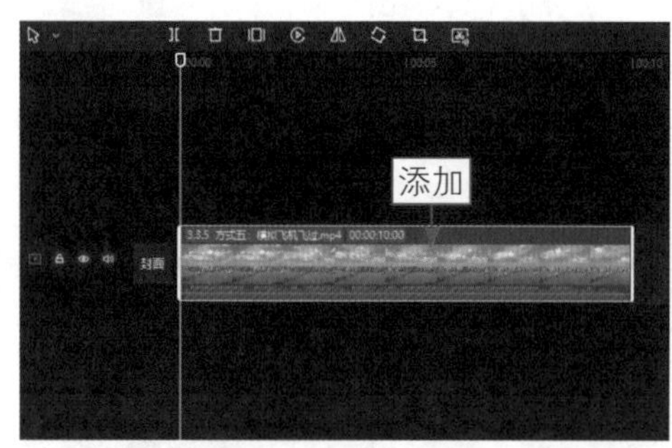

图 3-127 添加视频素材

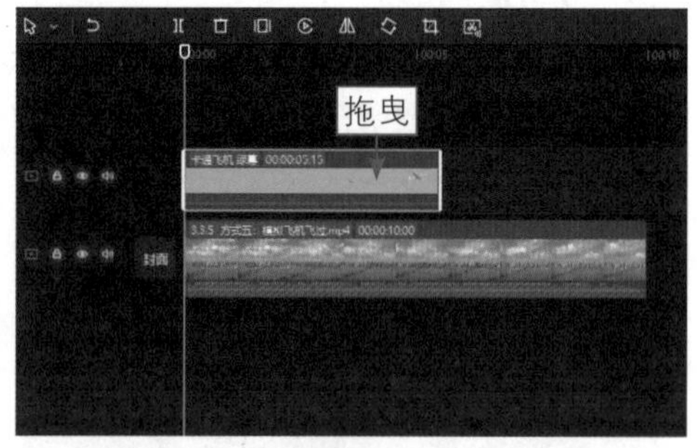

图 3-128 将绿幕素材拖曳至画中画轨道

步骤 03 单击“镜像”按钮，如图3-129所示，将飞机飞行的方向与背景画面中云朵飘动的方向调整成一致。

步骤 04 在“画面”操作区中，❶切换至“抠像”选项卡；❷运用“色度抠图”功能取样画面中的绿色，如图3-130所示。

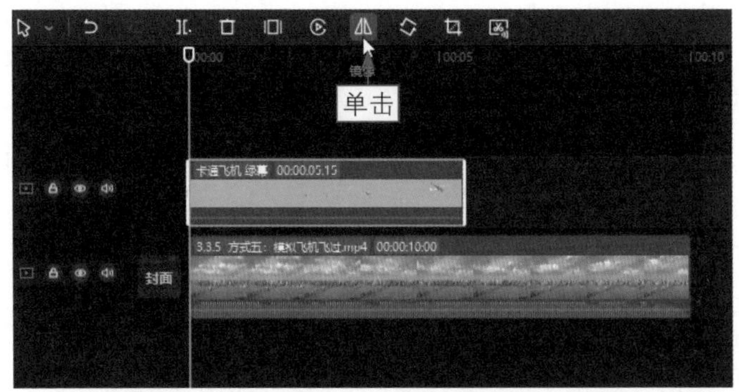

图 3-129　单击“镜像”按钮

图 3-130　取样画面中的绿色

步骤 05 设置“强度”和“阴影”参数均为100，如图3-131所示，抠除画面中的绿色，制作出飞机飞过的效果。

步骤 06 最后调整飞机飞过绿幕素材在画面中的大小，如图3-132所示，使其与背景素材的画面大小更贴合。

图 3-131　设置相应的参数

图 3-132　调整绿幕素材在画面中的大小

3.3.6 方式六：合成云朵效果

扫码看教学视频

扫码看成品效果

【效果展示】：对于云朵绿幕素材，用“色度抠图”功能抠出来的云朵会有绿边。为了抠出完美的云朵，可以采用本案例教授的方法进行抠图，能让抠出来的云朵更自然，效果对比如图3-133所示。

图3-133 效果展示

下面介绍在电脑版剪映中合成云朵的操作方法。

步骤 01 在电脑版剪映中将背景视频和云朵绿幕素材导入到“本地”选项卡中，单击背景视频右下角的“添加到轨道”按钮，如图3-134所示。

图3-134 单击“添加到轨道”按钮

步骤 02 把视频添加到视频轨道中，拖曳云朵绿幕素材至画中画轨道中，并调整其持续时长，如图3-135所示，让其与视频素材的时长保持一致。

图3-135 调整云朵绿幕素材的持续时长

步骤 03 在操作区中单击“调节”按钮，❶切换至HSL选项卡；❷设置绿色选项的“饱和度”参数为-100，绿幕变成了灰黑色，如图3-136所示。

步骤 04 ❶在操作区中单击“画面”按钮；❷在“基础”选项卡中设置“混合模式”为“滤色”，抠出云朵，如图3-137所示。

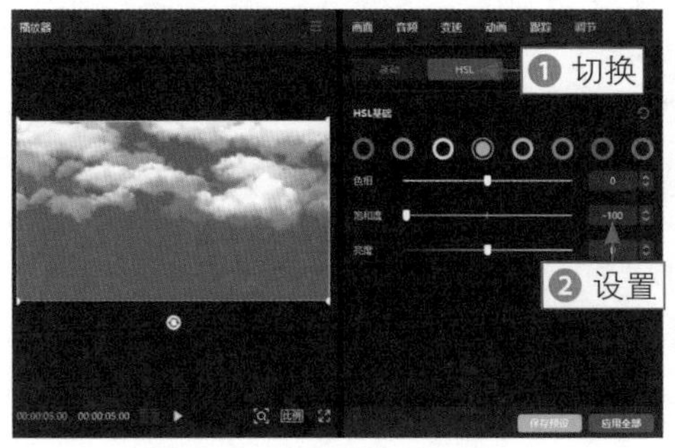

图 3-136 设置“饱和度”参数

图 3-137 设置“混合模式”为“滤色”

步骤 05 ❶切换至“蒙版”选项卡；❷选择“线性”蒙版；❸调整蒙版线的位置；❹设置“羽化”参数为10，让边缘过渡得更自然，如图3-138所示。

步骤 06 在操作区中单击“调节”按钮，在“基础”选项卡中设置“高光”和“阴影”参数为-50，为云朵素材调色，让云朵更加自然，如图3-139所示。

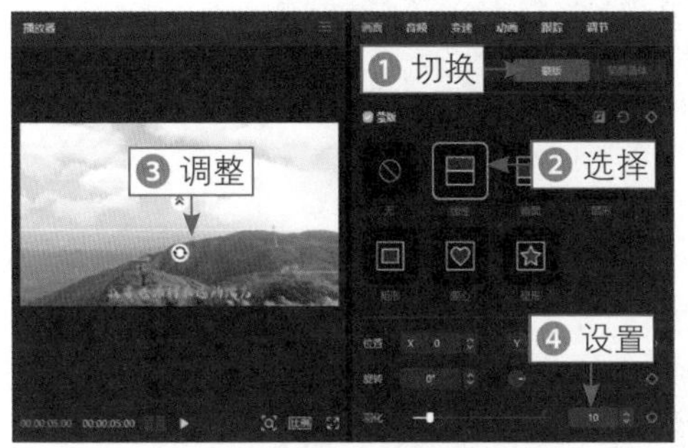

图 3-138 设置“羽化”参数

图 3-139 设置“高光”和“阴影”参数

3.3.7 方式七：创意图层叠加

扫码看教学视频

扫码看成品效果

【效果展示】：在剪映中，我们可以通过抠像和混合文字视频等，制作人物在文字前面行走的创意图层叠加效果，如图3-140所示。本例一共用到了3层画面，模糊的背景为底层，文字为第2层，人物行走为第3层。这个效果常被用作Vlog视频的开头，给人创意、文艺之感。大家可以根据这个构建思路来进行创作。

图 3-140　效果展示

下面介绍在电脑版剪映中制作创意图层叠加效果的操作方法。

步骤 01 在电脑版剪映中，添加一个持续时长为5s的默认文本，如图3-141所示。

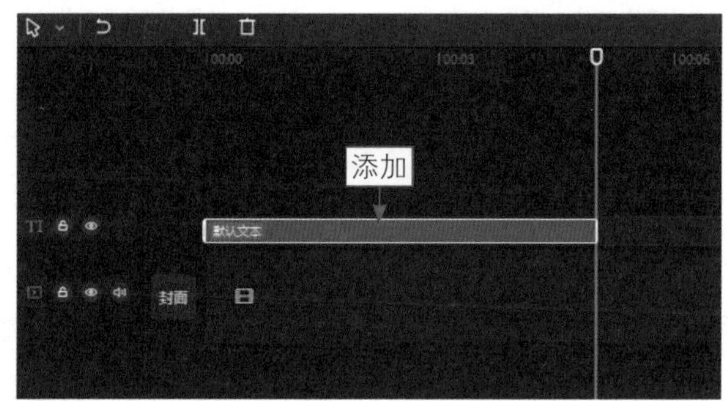

图 3-141　添加一个默认文本

步骤 02 在“文本”操作区中，❶输入文字内容；❷设置一种字体；❸单击 I 按钮，设置斜体样式，如图3-142所示。

图 3-142　输入文字并设置样式

步骤 03 在“排列”选项区中，❶设置“字间距”参数为5；❷调整文本的旋转角度，如图3-143所示。

步骤 04 在“动画”操作区中，选择“溶解”出场动画，如图3-144所示。

图 3-143 调整文本的旋转角度

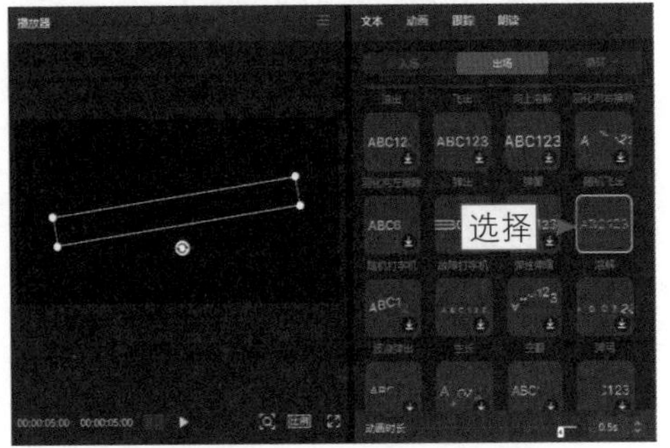

图 3-144 选择“溶解”出场动画

步骤 05 在“贴纸”功能区的“收藏”选项卡中，单击白色直线贴纸中的“添加到轨道”按钮，如图3-145所示。我们平时看到合适的贴纸，可以单击其右侧的星标按钮，将其收藏，以备不时之需。

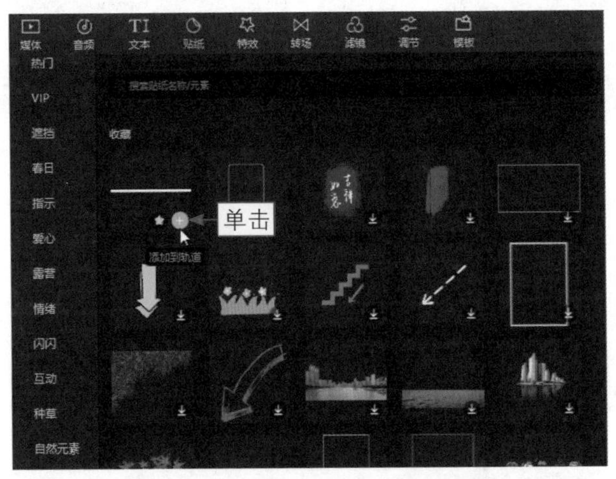

图 3-145 单击“添加到轨道”按钮

步骤 06 添加白色直线贴纸，并调整贴纸时长与文本时长一致，如图3-146所示。

步骤 07 在“播放器”窗口中，调整直线的位置、大小和旋转角度，将其置于文字的下方，如图3-147所示。

步骤 08 在“动画”操作区中，选择“渐隐”出场动画，如图3-148所示。

步骤 09 复制制作的贴纸，并将其拖曳至另一条贴纸轨道中，调整第2条直线的大小和位置，将其置于相应的位置，如图3-149所示，将制作的文字导出为视频备用。

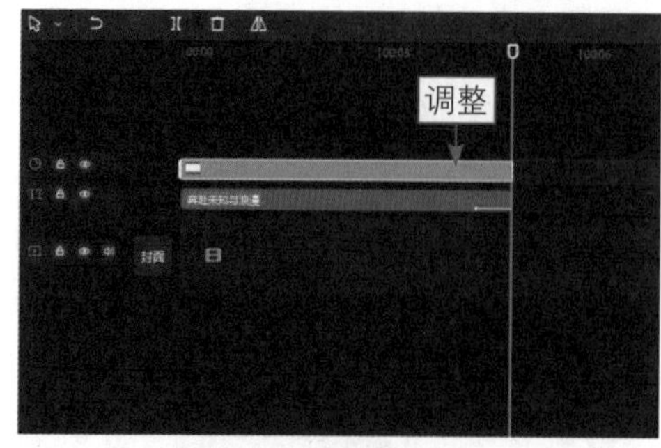

图 3-146　调整贴纸时长

图 3-147　调整直线的位置、大小和旋转角度

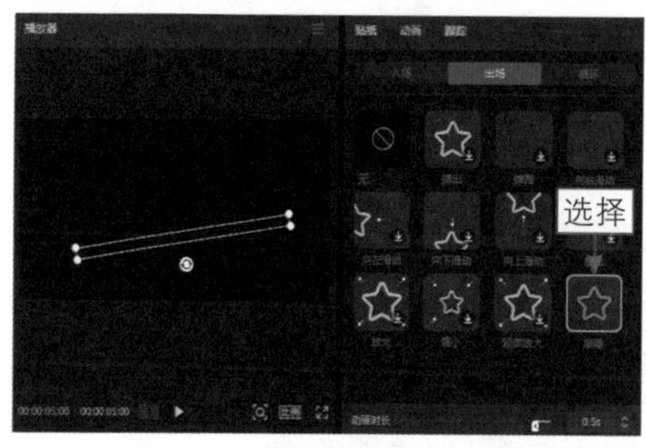

图 3-148　选择“渐隐”出场动画

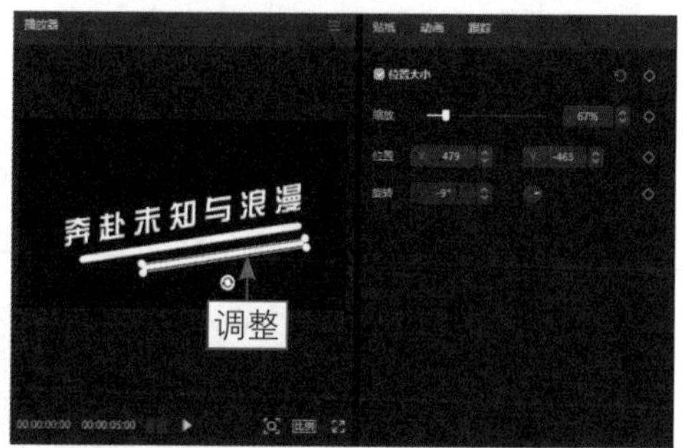

图 3-149　调整第 2 条直线的大小和位置

步骤 10 清空轨道，❶ 在视频轨道中添加一个模糊背景视频（注意背景视频要与人物行走视频的背景一致）；❷ 在画中画轨道中添加一个文字视频，如图 3-150 所示。

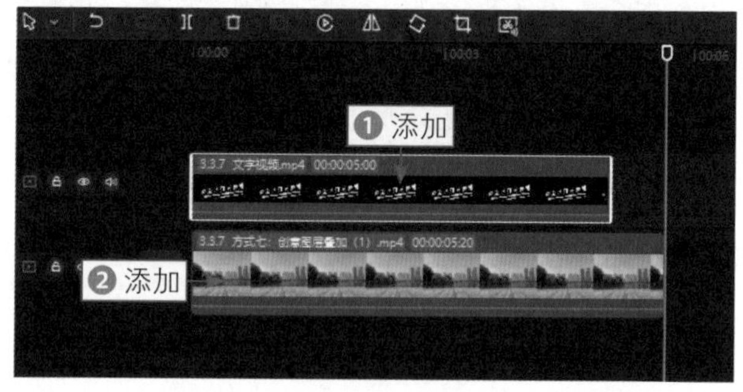

图 3-150　在画中画轨道中添加一个文字视频

步骤 11 在“画面”操作区中，设置“混合模式”为“变亮”模式，如图 3-151 所示，去除黑色背景。

步骤 12 在第2条画中画轨道中，添加一个人物侧面行走的视频，如图3-152所示。

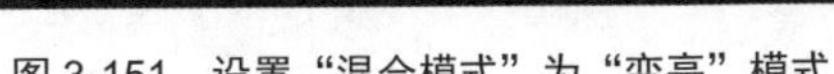
图 3-151　设置“混合模式”为“变亮”模式

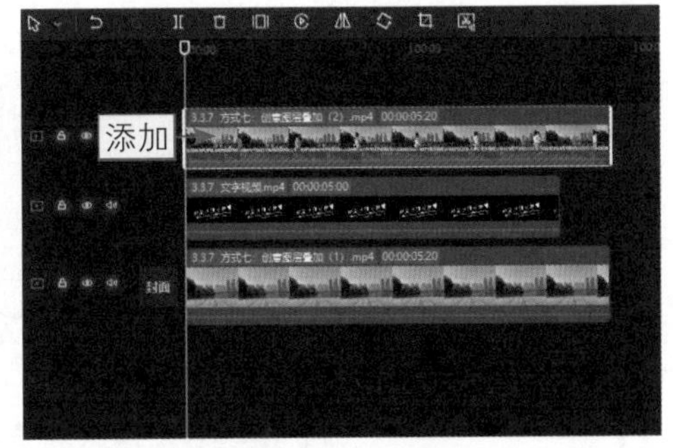

图 3-152　添加一个人物侧面行走的视频

步骤 13 在“画面”操作区的“抠像”选项卡中，选中“智能抠像”复选框，如图3-153所示，抠取人像。至此，完成创意图层叠加效果的制作。

图 3-153　选中“智能抠像”复选框

第 4 章

8 种方法，制作酷炫变速效果

本章要点：

变速是在时间上对视频进行处理的工具，能够改变视频的时长，使其与音乐节奏相匹配，还能够给予观众不同的感受。因此，掌握变速效果的制作对于传达视频意图有重要的作用。本章将主要介绍8种变速效果的制作方法。

4.1 认识变速

变速是指改变视频的播放速度。在剪辑视频时，我们可以根据自己的需求，放慢或加快视频播放的速度，或者制作出忽快忽慢的视频效果。在学习制作变速效果的操作方法之前，我们可以先通过阅读本节的内容来了解一下变速。

4.1.1 剪映中的变速功能

无论是手机版剪映，还是电脑版剪映，都有两大变速功能，即常规变速和曲线变速。其中，常规变速是指单向地调整视频的播放速度。简而言之，就是指运用常规变速时，要么把视频的播放速度调快，要么调慢。

曲线变速，则是可以进行多种速度变化的变速功能，可以一次性地将视频调整为忽快忽慢的播放效果。根据不同程度的曲线，曲线变速包括以下7种类型，如图4-1所示。

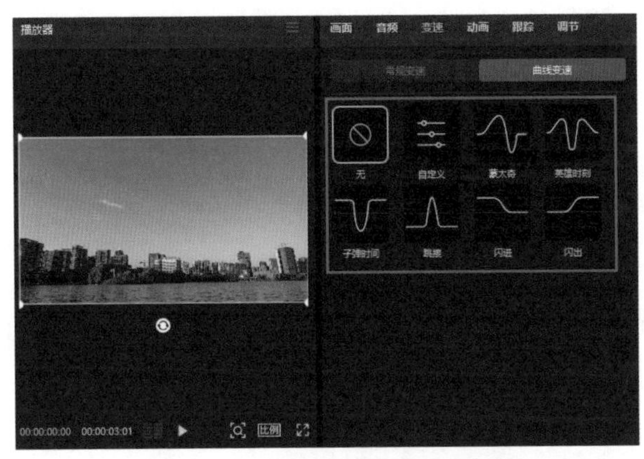

图 4-1　剪映中曲线变速的 7 种类型

如果需要运用曲线变速功能，可以将视频添加到轨道中，在“变速”操作区中切换至“曲线变速”选项卡。如果选择“跳接”曲线变速，可以看到相应的变速点调整面板，如图4-2所示，按照视频画面或者音乐节拍调整各个变速点即可。

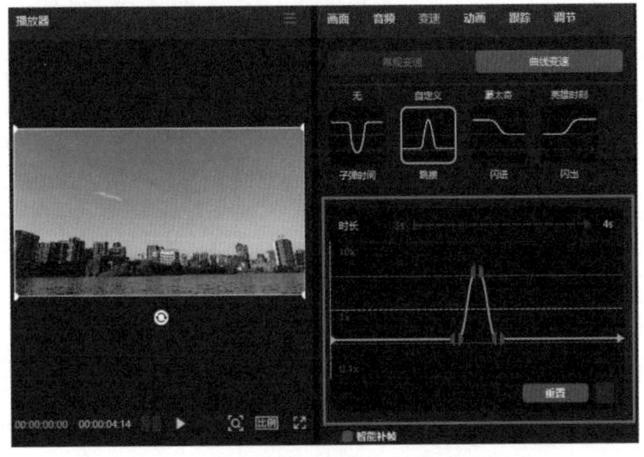

图 4-2　看到相应的变速点调整面板

需要注意的是，变速功能可以

对视频画面进行变速处理，也可以对视频画面和背景音乐同时进行变速处理。若只想要改变视频画面的播放速度，需要在运用变速功能之前，将视频的背景音乐提前分离出来。

4.1.2 不同变速的特点和用法

就剪映中的两大变速功能而言，常规变速发挥的作用就如同我们在追剧时，对较为精彩的内容想要放慢速度认真看时进行慢速设置；对较为枯燥的内容想要加快速度一扫而过时进行快速设置，每进行一次设置只能放慢或者加快，无法进行既快又慢的设置。这是常规变速最直接的特点。

其次，运用常规变速的好处是对素材的要求不高，只要是运动的视频画面都可以进行常规变速操作。

相对于常规变速，曲线变速的功能相对丰富，具体介绍如下。

（1）“自定义”变速：在曲线变速中，自定义变速（手机版剪映中称为“自定”变速）是指自行增加或删减变速点来调整视频的播放速度。此功能的操作方法相对自由，可以结合视频素材的具体情况而定。

（2）“蒙太奇”变速：运用“蒙太奇”变速功能可以实现视频画面先加速、后减速、再匀速的播放效果，其主要目的在于增强曲线变速的加速效果。

（3）“英雄时刻”变速：这类变速曲线呈对称样式，作用在于慢放中间的部分画面，突出重点。

（4）“子弹时间”变速：“子弹时间”是一种常出现于影视中模拟变速的特效，如制作出时间静止的画面效果。

（5）“跳接”变速：“跳接”是一种无技巧剪切功能，常用于视频间的转场，可以使视频切换更加顺滑。其原理是以组接跳跃式的动作来突出某些重要的部分，这样做的好处是可以降低拍摄难度。

（6）“闪进”和“闪出”变速：“闪进”变速和“闪出”变速通常是一起使用的，它们可以用作极速切换视频的场景，在卡点视频中的应用很广泛。

4.2 手机版剪映变速功能的4种用法

运用变速功能可以使视频画面搭配音乐，制作出极度优美、炫酷、富有震撼感和冲击力的视频效果。本节挑选出4种具有实用性且效果精美的手机版剪映变速功能的使用方法，提供给大家学习。

4.2.1　方法一：快速回顾时光

扫码看教学视频

扫码看成品效果

【效果展示】：在剪映App中，使用“复制”按钮可以复制素材，使用“倒放”功能和“定格”功能，可以将素材倒放和定格画面，然后再运用“常规变速”功能，就能制作出快速回忆过往时光的效果，如图4-3所示。

图 4-3　效果展示

下面介绍在手机版剪映中制作快速回顾时光效果的操作方法。

步骤 01 在剪映App中导入一段视频素材，点击“关闭原声”按钮，如图4-4所示，将视频原来的声音关闭。

步骤 02 ❶选择视频素材；❷点击“变速”按钮，如图 4-5 所示。

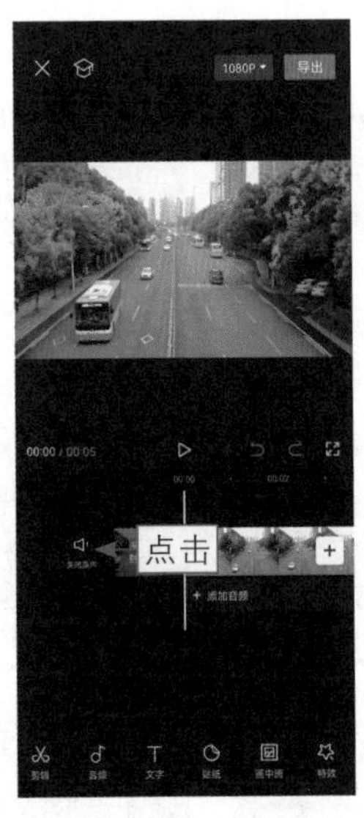

图 4-4　点击“关闭原声”按钮

图 4-5　点击“变速”按钮

步骤 03 点击“常规变速”按钮，如图 4-6 所示，进入“变速”界面。

步骤 04 ❶向左拖曳红色圆环滑块，设置变速参数为0.8x；❷选中“智能补帧”复选框，如图4-7所示，点击✓按钮确认。

步骤 05 弹出带有“生成顺滑慢动作中”字样的信息提示框，如图4-8所示。稍等片刻，即可应用上述操作。

图 4-6　点击“常规变速”按钮

图 4-7　选中“智能补帧”复选框

图 4-8　显示信息提示框

★ 专 家 提 醒 ★

“智能补帧”功能是针对放慢速度的视频画面进行流畅度处理的。当视频画面被放慢时，容易因帧数不够而出现卡顿的情况，此时应用该功能就可以有效地解决。

步骤 06 返回上一级工具栏，点击“防抖”按钮，如图 4-9 所示。

步骤 07 进入“防抖”界面，设置“防抖”为“裁切最少”，如图 4-10 所示，使视频画面更加流畅。设置完成后，点击“导出”按钮，导出视频素材备用。

步骤 08 新建一个草稿文件，将

图 4-9　点击“防抖”按钮

图 4-10　设置“防抖”为“裁切最少”

导出的视频素材重新导入视频轨道中，如图 4-11 所示。

步骤 09 ❶选择视频素材；❷点击“复制”按钮，如图4-12所示，复制一段视频素材。

图 4-11　重新导入视频素材

图 4-12　点击“复制”按钮

步骤 10 默认选择复制的视频素材，❶点击“倒放”按钮，倒放素材；❷点击“定格”按钮，如图4-13所示，生成定格片段。

步骤 11 调整定格片段的时长为0.7s，如图4-14所示。

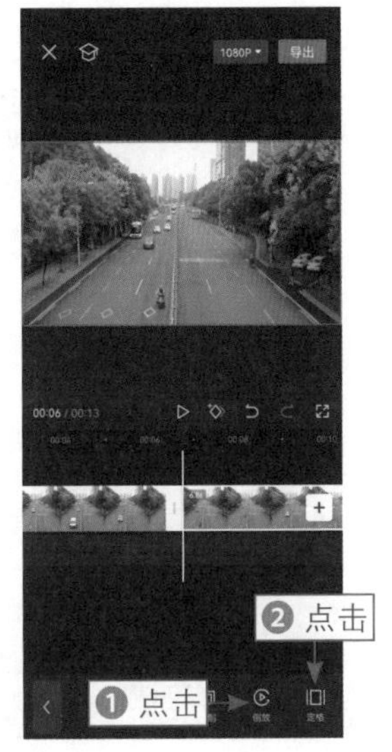

图 4-13　点击“定格”按钮

图 4-14　调整定格片段的时长

步骤 12 ❶选择倒放素材；❷依次点击“变速”按钮和“常规变速”按钮，如图4-15所示。

步骤 13 设置倒放素材的视频播放速度为1.5x，如图4-16所示，制作快速回顾时光效果。

步骤 14 执行操作后，为视频添加背景音乐和音效（添加的音效为“按钮”音效和“倒带时光倒流”音效），效果如图4-17所示。

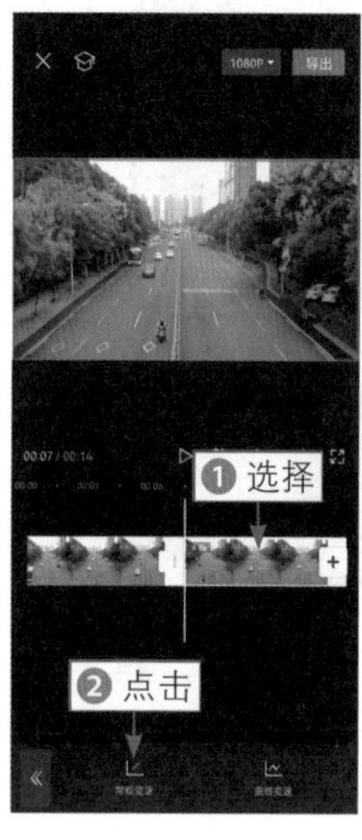

图 4-15　点击“常规变速”按钮

图 4-16　设置倒放素材的视频播放速度

图 4-17　添加背景音乐和音效

4.2.2　方法二：坡度变速效果

扫码看教学视频

扫码看成品效果

【效果展示】：在一段视频中，我们可以运用“曲线变速”功能调整视频不同位置的播放速度，从而制作出有快慢变化的坡度变速效果，如图4-18所示。

图 4-18　效果展示

下面介绍在手机版剪映中运用“曲线变速”功能制作坡度变速效果的操作方法。

步骤 01 在剪映中导入一段视频素材，❶点击“关闭原声”按钮，关闭视频的原声；❷选择视频素材；❸点击“变速”按钮，如图 4-19 所示，进入变速工具栏。

步骤 02 点击“曲线变速”按钮，弹出“曲线变速”面板，❶选择“自定”选项；❷点击“点击编辑”按钮，如图4-20所示。

步骤 03 弹出“自定”面板，❶拖曳第1个变速点至第1条线的位置，设置“速度”参数为10.0x；❷拖曳第2个变速点和第3个变速点至第4条线的位置，设置“速度”参数为0.5x，如图4-21所示。

图 4-19　点击“变速”按钮

图 4-20　点击“点击编辑”按钮

步骤 04 拖曳第4个变速点和第5个变速点至第1条线的位置，设置“速度”参数为10.0x，如图4-22所示。

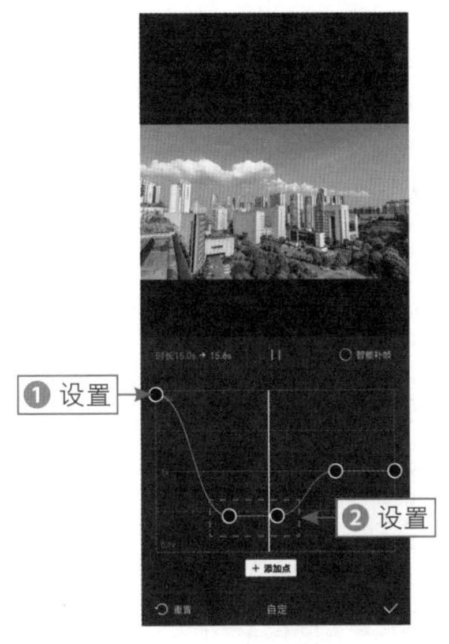

图 4-21　设置“变速”参数（1）

图 4-22　设置“变速”参数（2）

步骤 05 返回一级工具栏，在视频的起始位置，❶选择视频素材；❷点击关键帧按钮，如图4-23所示，添加第1个关键帧。

步骤 06 执行操作后，点击“滤镜”按钮，如图4-24所示。

图 4-23　点击相应的按钮

图 4-24　点击“滤镜”按钮（1）

步骤 07 ❶切换至“影视级”选项区；❷选择“蓝灰”滤镜；❸拖曳滑块，设置滤镜强度参数为0，如图4-25所示。

步骤 08 ❶拖曳时间轴至第1s的位置；❷点击关键帧按钮，添加第2个关键帧，如图4-26所示。

图 4-25　设置滤镜强度参数（1）

图 4-26　添加第 2 个关键帧

步骤 09 点击“滤镜”按钮，设置滤镜强度参数为100，如图4-27所示。

步骤 10 用同样的方法，在第7s左右的位置，添加第3个和第4个关键帧，如图4-28所示。

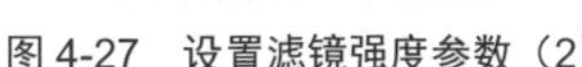
图 4-27　设置滤镜强度参数（2）

图 4-28　添加第 3 个和第 4 个关键帧

步骤 11 ❶拖曳时间轴至第4个关键帧的位置；❷点击“滤镜”按钮，如图4-29所示，进入“滤镜”选项卡。

步骤 12 设置滤镜强度参数为0，如图4-30所示，制作出播放速度不同、画面色彩也不同的视频效果。

步骤 13 最后为视频添加合适的背景音乐，如图4-31所示。

图 4-29　点击“滤镜”按钮（2）　图 4-30　设置滤镜强度参数（3）

图 4-31　添加背景音乐

4.2.3 方法三：极速切换场景

扫码看教学视频

扫码看成品效果

【效果展示】：运用“曲线变速”中的“闪进”和“闪出”功能可以制作出极速切换场景效果，让视频之间的过渡变得自然、流畅，效果如图4-32所示。

图 4-32 效果展示

下面介绍在手机版剪映中制作极速切换场景效果的操作方法。

步骤 01 在剪映中导入两段视频素材，如图4-33所示。

步骤 02 ❶选择第1段素材；❷依次点击“变速”按钮和“曲线变速”按钮，如图4-34所示。

图 4-33 导入两段视频素材

图 4-34 点击“曲线变速”按钮

步骤 03 在“曲线变速”面板中选择“闪出”选项，并点击“点击编辑”按钮，如图4-35所示。

步骤 04 弹出“闪出”编辑面板，将第3个和第4个变速点拖曳至第1条线上，并调整其位置，如图4-36所示。

图 4-35　点击“点击编辑”按钮（1）

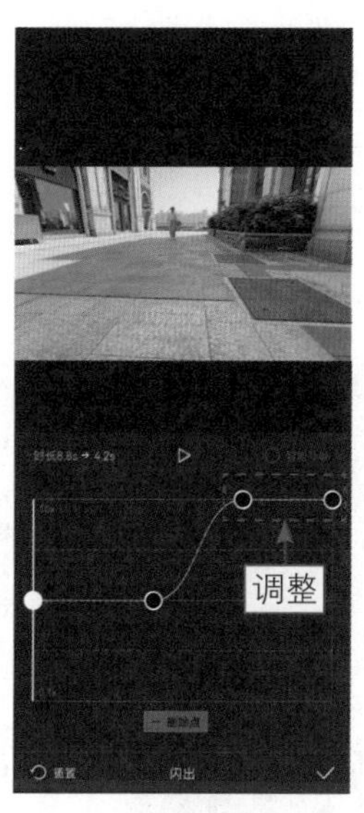

图 4-36　调整变速点的位置（1）

步骤 05 执行操作后，❶拖曳时间轴至第2段素材的位置；❷选择“闪进”选项；❸点击“点击编辑”按钮，如图4-37所示。

步骤 06 在“闪进”编辑面板中将第1个和第2个变速点拖曳至第1条线，调整其位置，如图4-38所示，让视频的切换更顺滑。

图 4-37　点击“点击编辑”按钮（2）

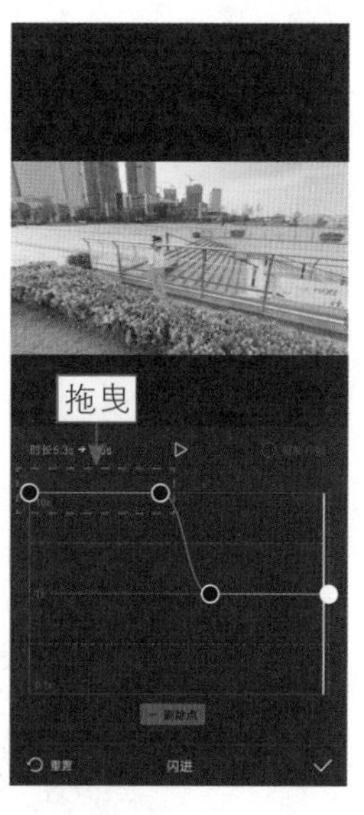

图 4-38　调整变速点的位置（2）

步骤 07 返回一级工具栏，在视频起始位置，依次点击“音频”按钮和“音乐”按钮，如图4-39所示。

步骤 08 选择“卡点”选项，点击所选音乐右侧的“使用”按钮，如图4-40所示，将音乐添加到轨道中。

步骤 09 最后调整音乐的时长，如图4-41所示。至此，完成极速切换场景效果的操作。

图 4-39　点击“音乐”按钮

图 4-40　点击“使用”按钮

图 4-41　调整音乐的时长

4.2.4　方法四：高光时刻慢放

扫码看教学视频

扫码看成品效果

【效果展示】：运用“曲线变速”中的“子弹时间”功能可以制作出高光时刻慢放的效果，使视频中的精彩片段给人留下深刻印象，效果如图4-42所示。

图 4-42　效果展示

下面介绍在手机版剪映中制作高光时刻慢放效果的操作方法。

步骤 01 在剪映中导入一段人物行走的视频素材，点击“关闭原声”按钮，如图4-43所示，将视频的声音关闭。

步骤 02 ❶选择视频素材；❷依次点击“变速”按钮和“曲线变速”按钮，如图4-44所示。

图 4-43　点击“关闭原声”按钮

图 4-44　点击“曲线变速”按钮

步骤 03 在“曲线变速”面板中选择“子弹时间”选项，并点击“点击编辑”按钮，如图 4-45 所示。

步骤 04 ❶ 在“子弹时间”编辑面板中调整各个变速点的位置；❷ 选中“智能补帧”复选框，如图 4-46 所示，让慢动作部分播放得更流畅。

步骤 05 点击✓按钮确认，生成顺滑慢动作成功后，返回一级工具栏，依次点击“音频”按钮和“音乐”按钮，如图 4-47 所示。

步骤 06 进入“卡点”界面，点击所选音乐右侧的“使用”按钮，如图 4-48 所示，添加背景音乐，并调整其时长。

图 4-45　点击“点击编辑”按钮

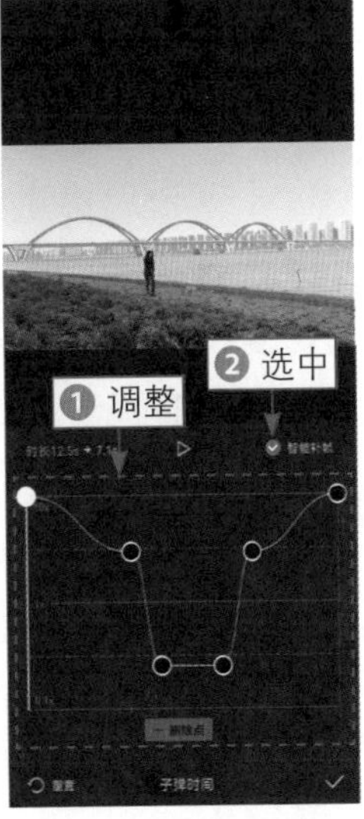

图 4-46　选中“智能补帧”复选框

图 4-47　点击“音乐”按钮

图 4-48　点击“使用”按钮

4.3　电脑版剪映变速功能的4种用法

电脑版剪映与手机版剪映的变速功能是相通的，但在运用变速功能的同时，结合使用其他功能，就能制作出令人耳目一新的视频效果。因此，掌握电脑版剪映中变速功能的使用方法也是有必要的。本节将介绍电脑版剪映中变速功能的 4 种用法。

4.3.1　方法一：制作延时视频

扫码看教学视频

扫码看成品效果

【效果展示】：云彩、星空这种转瞬即逝的美景，通常是借助延时摄影设备拍摄出来的，但随着剪辑技术的愈加先进，后期也能够制作出来。运用剪映中的“常规变速”功能可以缩短视频时长，从而使延时的效果更符合人的观赏习惯，效果如图4-49所示。

图 4-49　效果展示

下面介绍在电脑版剪映中制作延时视频的操作方法。

步骤 01 在视频轨道中添加视频素材，如图4-50所示。

步骤 02 在“变速”操作区中，设置“时长”参数为10.0s，如图4-51所示。

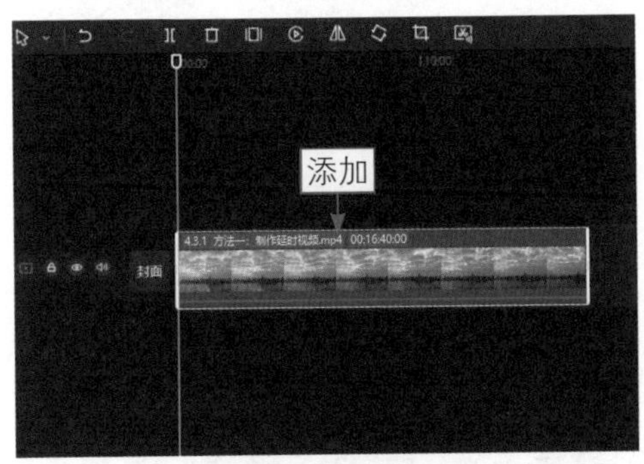

图 4-50　添加视频

图 4-51　设置“时长”参数

步骤 03 ❶切换至“音频”功能区；❷在“音乐素材”选项卡的“纯音乐”选项区中，单击相应音乐右下角的“添加到轨道”按钮，如图4-52所示。

图 4-52　单击“添加到轨道”按钮

步骤 04 调整背景音乐的时长，如图4-53所示，即可完成延时视频的制作。

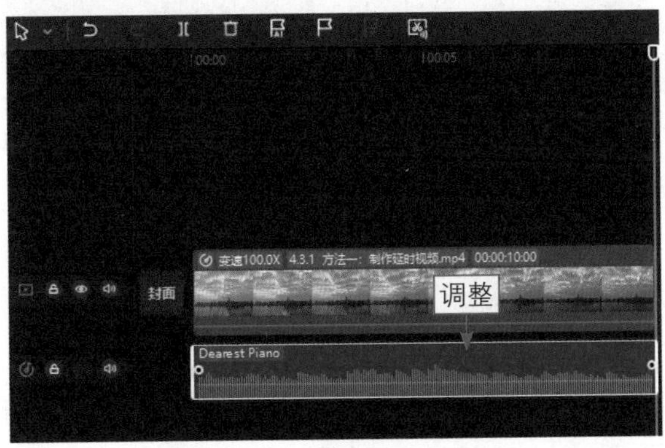

图 4-53　调整背景音乐的时长

4.3.2 方法二：把控播放速度

扫码看教学视频

扫码看成品效果

【效果展示】：在剪映中，运用“曲线变速”功能中的“蒙太奇”变速可以自由调整视频的播放速度，使视频根据自己的需求时快时慢，效果如图 4-54 所示。

图 4-54 效果展示

下面介绍在电脑版剪映中把控视频播放速度的操作方法。

步骤 01 将素材添加到视频轨道中，❶切换至“调节”功能区；❷单击“自定义调节”右下角的“添加到轨道”按钮，如图4-55所示，添加一个调节设置。

步骤 02 在“调节”操作区中，❶切换至HSL选项卡；❷设置深蓝色选项的“饱和度”参数为40，如图4-56所示，增加画面中的冷色调。

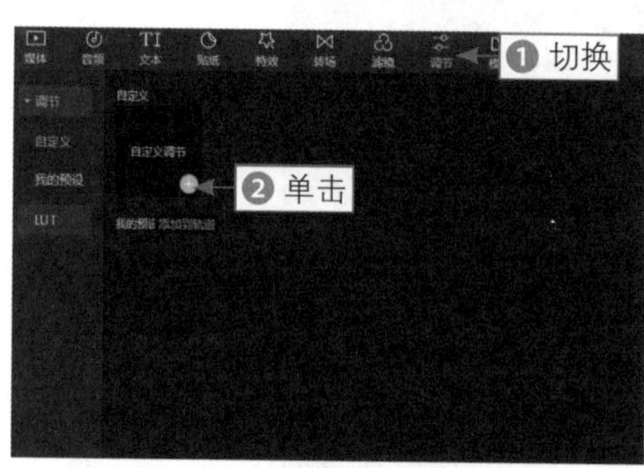

图 4-55 单击“添加到轨道”按钮（1）

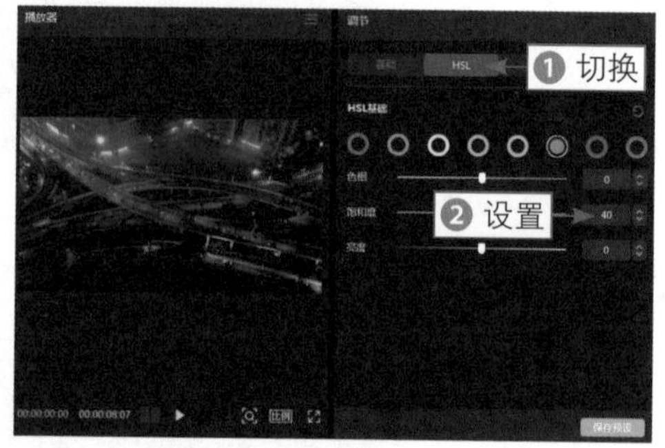

图 4-56 设置“饱和度”参数

步骤 03 调整“调节”的时长，使其与视频素材的时长一致，如图 4-57 所示。

步骤 04 返回视频的起始位置，切换至“特效”功能区，展开“画面特效”选项卡，单击“两屏分割”分屏特效右下角的“添加到轨道”按钮，如图4-58所示，添加第1个特效。

步骤 05 ❶切换至“自然”选项区；❷单击“大雪纷飞”特效右下角的“添加到轨道”按钮，如图4-59所示，添加第2个特效。

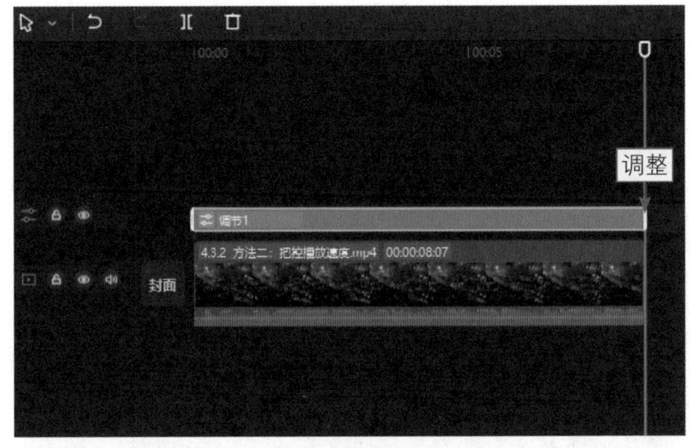

图 4-57　调整“调节”的时长

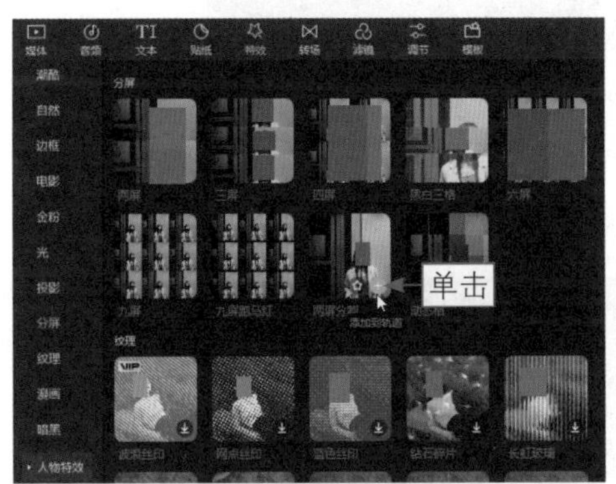

图 4-58　单击“添加到轨道”按钮（2）

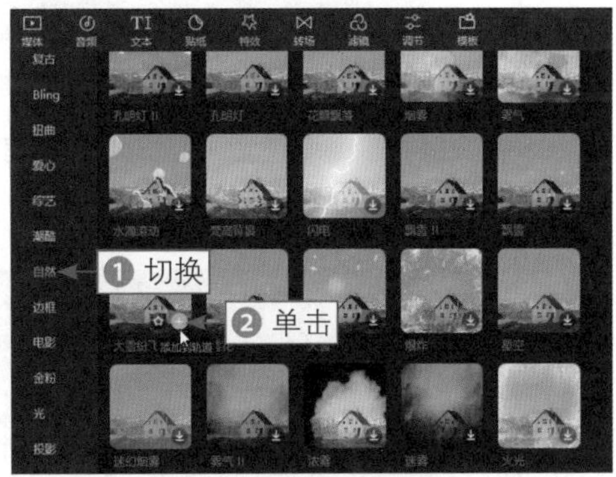

图 4-59　单击“添加到轨道”按钮（3）

步骤 06 调整两段特效的持续时长，如图 4-60 所示。执行操作后，导出文件备用。

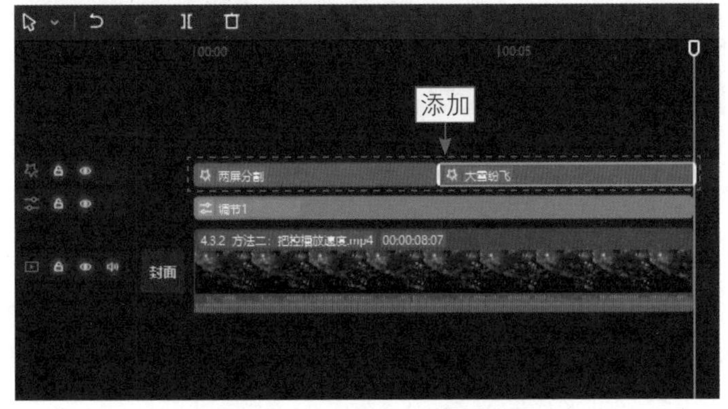

图 4-60　调整两段特效的持续时长

步骤07 新建一个草稿文件，将前面导出的视频文件重新添加到视频轨道中，如图4-61所示。

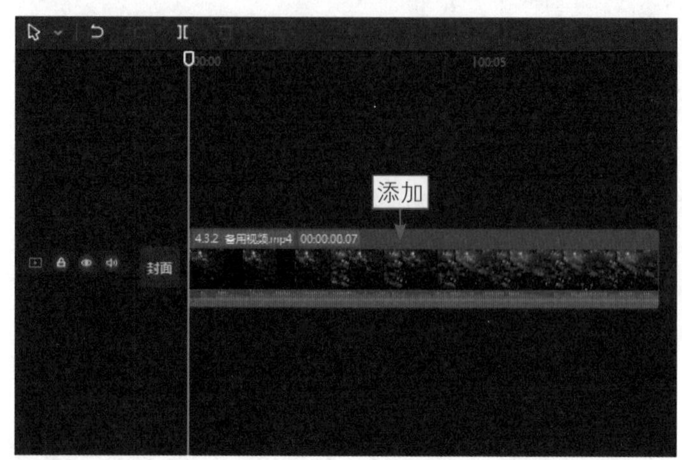

图4-61 重新添加视频

步骤08 ❶在视频上单击鼠标右键；❷在弹出的快捷菜单中选择“分离音频”选项，如图4-62所示，即可将视频中的背景音乐分离出来。

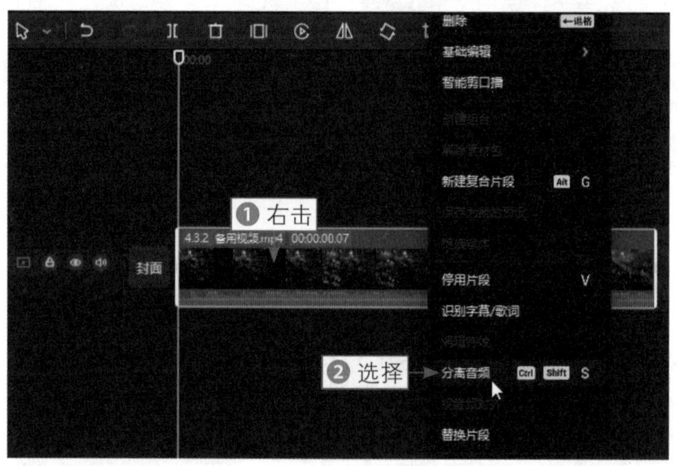

图4-62 选择“分离音频”选项

步骤09 单击“变速”按钮，进入“变速”操作区，❶切换至“曲线变速”选项卡；❷选择“蒙太奇”选项，如图4-63所示。

步骤10 将第1个和第2个变速点拖曳至第3条线上，将第3个变速点拖曳至第1条线上，将第4个变速点拖曳至第5条线上，各个变速点的调整情况如图4-64所示，即可制作出蒙太奇变速的效果。

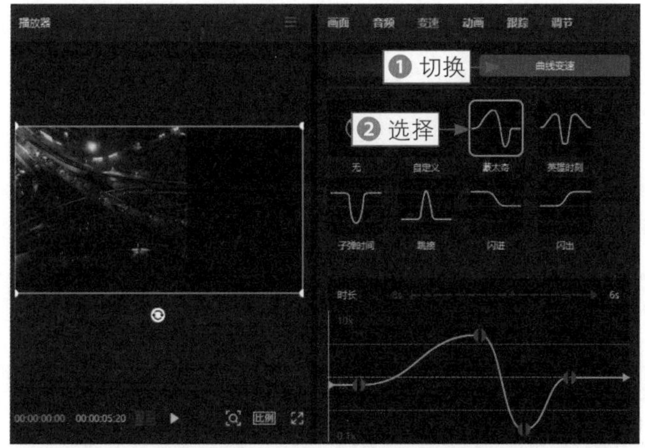

图 4-63　选择“蒙太奇”选项

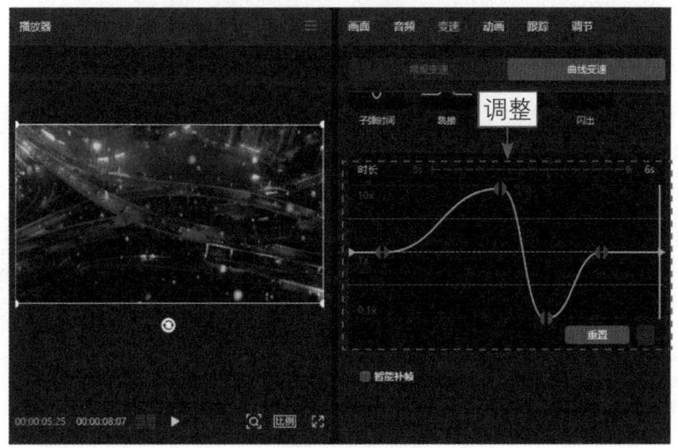

图 4-64　调整各个变速点的位置

步骤 11 最后调整音频的时长，使其与视频的时长保持一致，如图 4-65 所示。

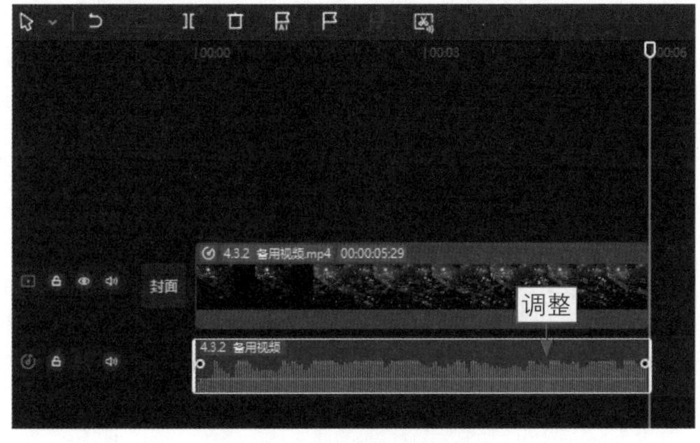

图 4-65　调整音频的时长

4.3.3　方法三：跳接变速车流

扫码看教学视频

扫码看成品效果

【效果展示】：在剪映中，运用“曲线变速”功能中的“跳接”变速对车流视频进行调控，可以制作出别致的车流运动效果。经过“跳接”变速操作之后的车流，虽然还保持着一个方向运动，但在观看时，会因为“跳接”而短暂停留，随即继续运动，增加了车流视频的趣味性，效果如图4-66所示。

图 4-66　效果展示

下面介绍在电脑版剪映中制作跳接变速车流的操作方法。

步骤 01 将车流视频添加到视频轨道中，如图4-67所示。

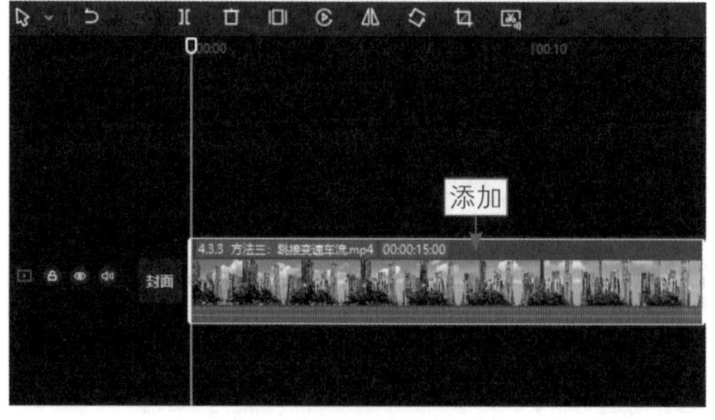

图 4-67　添加车流视频素材

步骤 02 ❶在视频上单击鼠标右键；❷在弹出的快捷菜单中选择“分离音频”选项，如图4-68所示，即可将视频中的背景音乐分离出来。

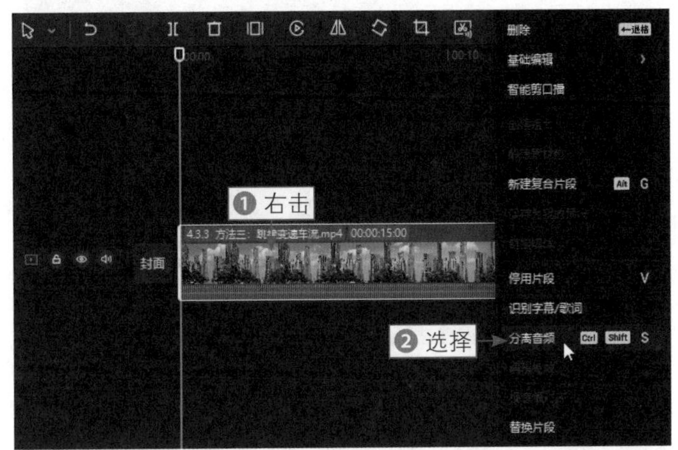

图 4-68　选择“分离音频”选项

步骤 03 单击“变速”按钮，进入“变速”操作区，❶切换至“曲线变速”选项卡；❷选择“跳接”选项，如图4-69所示。

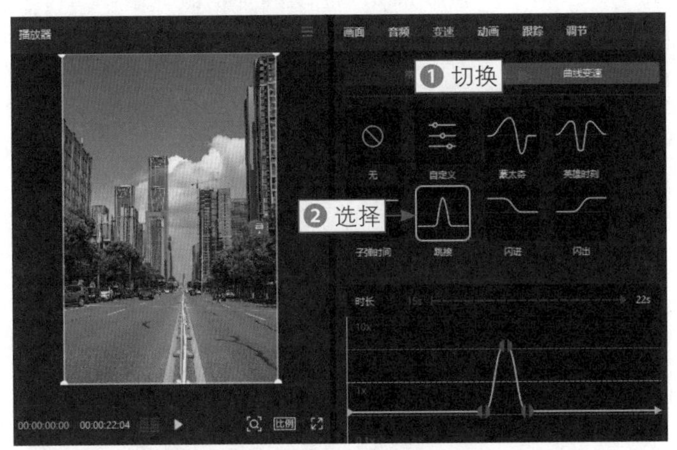

图 4-69　选择“跳接”选项

步骤 04 ❶拖曳时间轴至相应的位置；❷单击按钮，如图4-70所示，可以添加一个变速点。

步骤 05 若是不想要变速点，可以定位在相应的变速点上，单击按钮，如图4-71所示，即可去除该变速点。

步骤 06 用上面使用的添加变速点的方法，再次添加 5 个变速点，效果如图 4-72 所示。

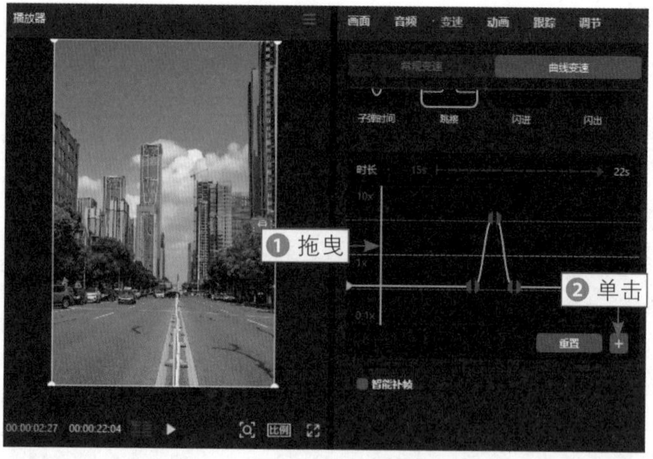

图 4-70　单击相应的按钮（1）

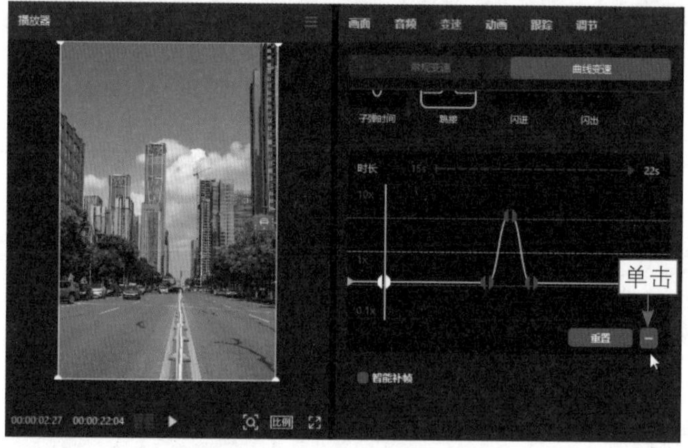

图 4-71　单击相应的按钮（2）

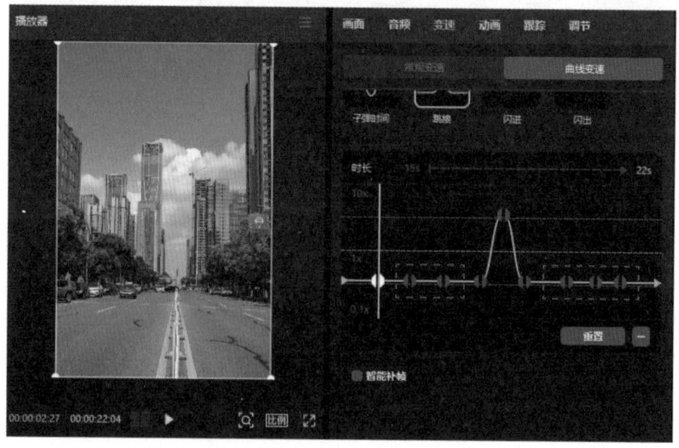

图 4-72　添加 5 个变速点

步骤 07 调整所有变速点的位置，如图 4-73 所示，尽量让其形成 3 组对称的变速点，制作出 3 次跳接的效果。

步骤 08 执行操作后，选中“智能补帧”复选框，如图 4-74 所示，开启“智能补帧”功能，让“跳接”变速操作应用得更加顺滑。

步骤 09 显示“智能补帧”处理进度，如图 4-75 所示，稍等片刻，即可看到“智能补帧已完成”提示字样。至此，完成跳接变速车流的制作。

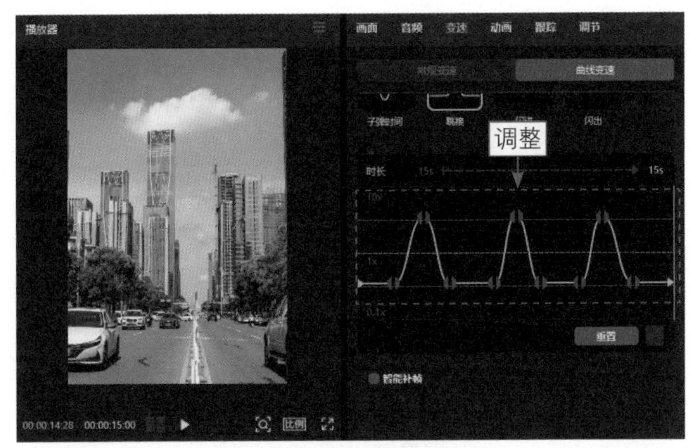

图 4-73　调整所有变速点的位置

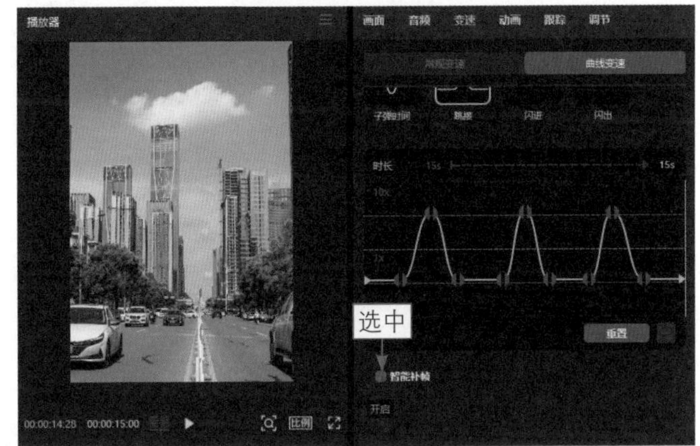

图 4-74　选中“智能补帧”复选框

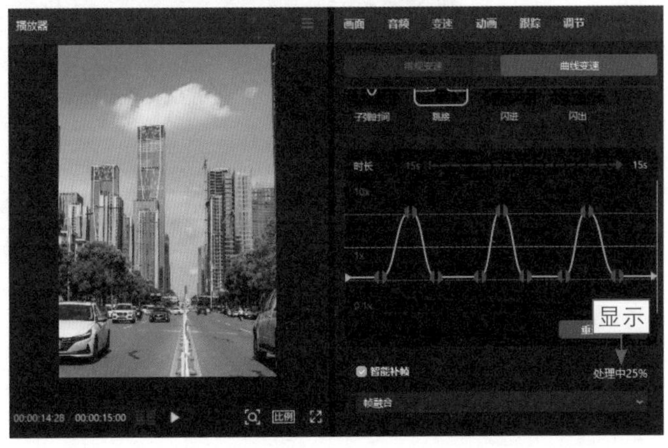

图 4-75　显示“智能补帧”处理进度

4.3.4　方法四：慢放人物出场

扫码看教学视频

扫码看成品效果

【效果展示】：在剪映中，运用“曲线变速”功能中的“英雄时刻”变速可以慢放人物出场视频。本例采用上移对冲+摇摄+后拉运镜手法拍摄一段人物出场视频，对其进行“英雄时刻”变速，恰好能够在镜头靠近人物时进行慢动作播放，使观众能够看清楚人物的正面，效果如图4-76所示。

图4-76　效果展示

下面介绍在电脑版剪映中制作慢放人物出场的操作方法。

步骤 01 将一段上移对冲+摇摄+后拉运镜手法拍摄的视频添加到视频轨道中，如图4-77所示。

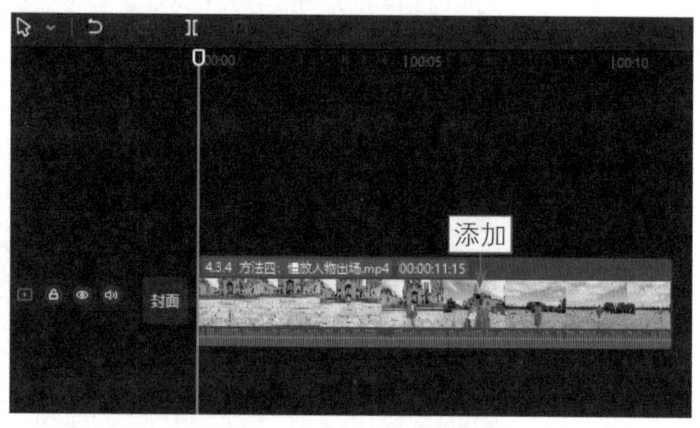

图4-77　添加视频素材

步骤 02 单击“关闭原声”按钮，如图4-78所示，将视频中原来的背景音乐关闭。

步骤 03 单击“变速”按钮，进入“变速”操作区，❶切换至“曲线变速”选项卡；❷选择“英雄时刻”选项，如图4-79所示。

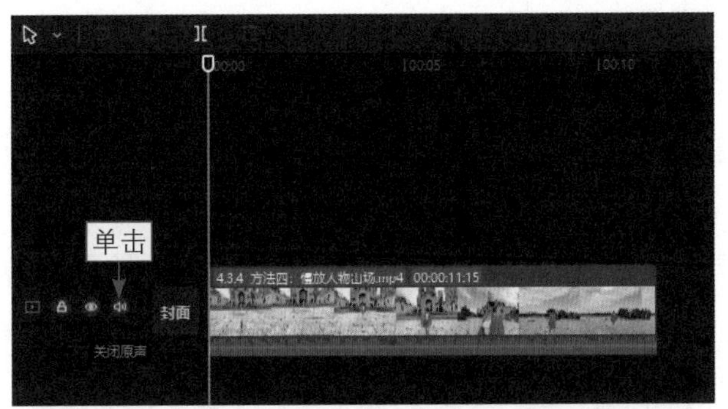

图 4-78　单击“关闭原声”按钮

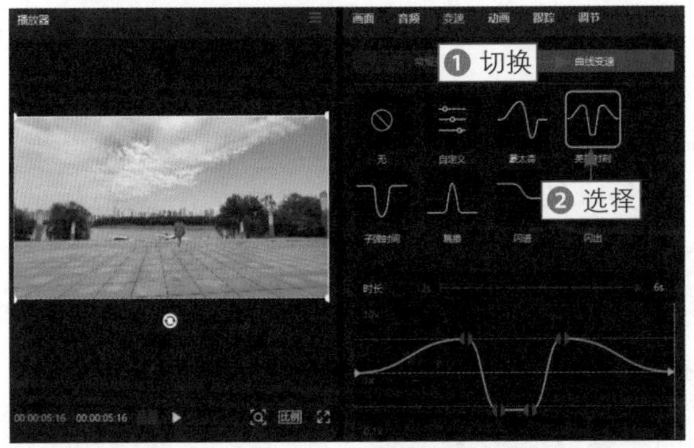

图 4-79　选择“英雄时刻”选项

步骤 04 默认应用“英雄时刻”变速的各个变速点。选中“智能补帧”复选框，如图 4-80 所示，开启“智能补帧”功能，让中间慢放的地方播放时更加流畅。

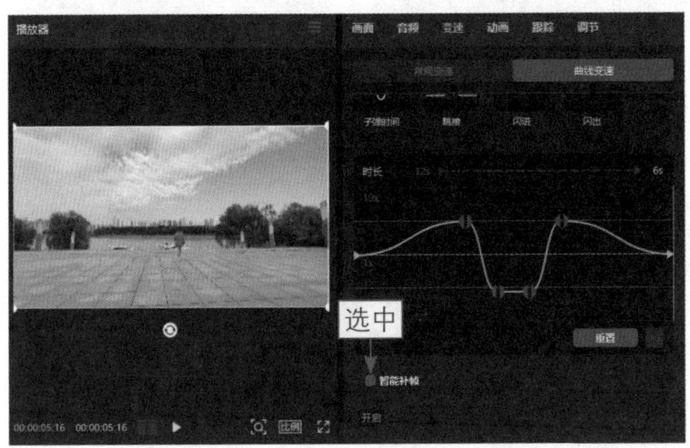

图 4-80　选中“智能补帧”复选框

步骤 05 显示“智能补帧”处理进度，如图4-81所示。稍等片刻，即可看到“智能补帧已完成”提示字样。

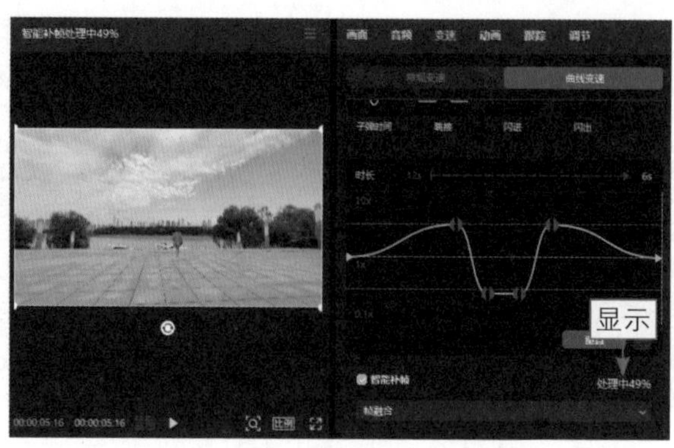

图 4-81　显示“智能补帧”处理进度

步骤 06 执行操作后，返回视频的起始位置，单击“音频”按钮，如图4-82所示，进入“音频”功能区。

步骤 07 ❶切换至“抖音收藏”选项卡；❷单击所选音乐右下角的“添加到轨道”按钮，如图4-83所示，重新为视频添加一个背景音乐。

图 4-82　单击“音频”按钮

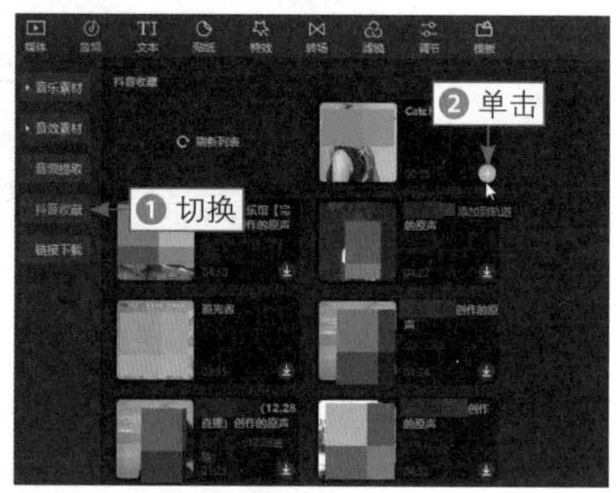

图 4-83　单击“添加到轨道”按钮

步骤 08 调整音乐的时长，如图4-84所示。至此，完成慢放人物出场效果的制作。

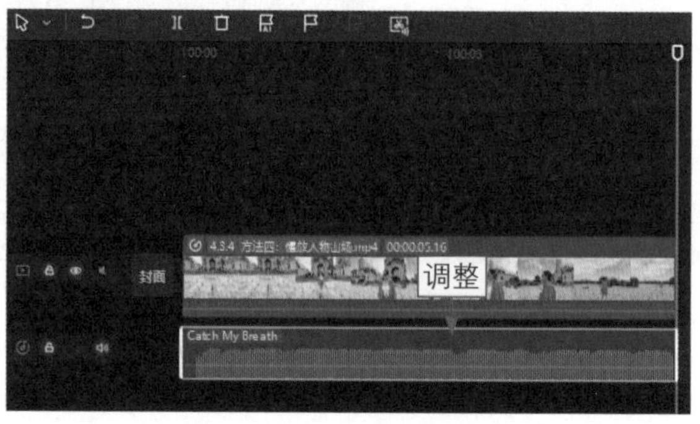

图 4-84　调整音乐的时长

第 5 章

10 种玩法，精通高难度卡点

本章要点：

卡点视频是短视频中非常火爆的一种类型，其制作要点是把控好音频节奏，根据音乐的鼓点切换画面，其制作方法虽然简单，但效果却很好看。本章将介绍卡点的10种玩法，让大家全面精通高难度卡点视频的制作。

5.1 认识卡点

在掌握卡点的玩法之前，我们有必要先认识一下什么是卡点。卡点是指视频画面跟随音乐节奏，一个动作匹配一个音乐鼓点，从而呈现出绝佳的、给人舒适感的视频效果。具体的卡点相关介绍可以通过阅读本节的内容进行了解。

5.1.1 卡点的概念和特点

卡点，从字面上理解，意为卡在点上，具体指动作或画面卡在音乐的鼓点或节拍点上。

通常情况下，卡点会出现于视频的制作或舞蹈的编排中，根据音乐的节奏来安排动作。比如在动态相册的制作中，两张照片的过渡可以跟随音乐的鼓点加入卡点，让照片的动感更有韵律和节奏。

卡点有3个特点：一是卡点要求音乐和动作的匹配度是恰到好处的，多一分或少一分都会影响卡点效果；二是制作卡点视频要求选用鼓点较多的音乐，如动感音乐、卡点音乐等；三是添加了卡点的视频画面会根据音乐节拍点的节奏变化而变化。

在剪映中，制作卡点视频主要运用的是“踩点”功能，借助该功能将音乐的节拍点手动或自动标注出来，然后根据节拍点调整视频画面，就能实现卡点效果。

5.1.2 标出音乐的节拍点

在制作卡点效果时，可以运用剪映中的“踩点”功能将音乐的节拍点先标注出来。“踩点”功能有“手动踩点”和“自动踩点”两种选项。其中，“手动踩点”是自己根据音乐的节奏将节拍点标注出来；“自动踩点”则是在选择相应选项之后，系统自动识别并标注出相应的节拍点。如图5-1所示为剪映系统自动标注的节拍点。

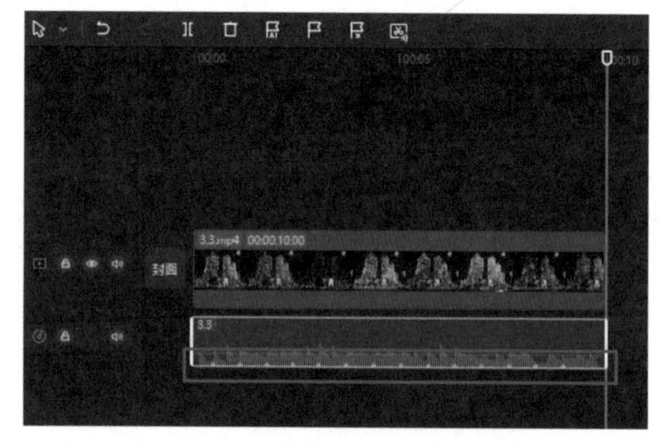

图 5-1 剪映系统自动标注的节拍点

5.2 手机版剪映卡点的5种玩法

常用和比较精美的卡点效果有自动节拍卡点、手动花卉卡点、3D立体卡点、炫酷甩入卡点、荧光线描卡点等。本节挑选出5种具有实用性且效果精美的手机版剪映卡点的玩法，提供给大家学习。

5.2.1 玩法一：自动节拍卡点

扫码看教学视频

扫码看成品效果

【效果展示】："自动踩点"是剪映App中一个可以一键标出节拍点的功能，能够帮助我们快速制作出卡点视频，效果如图5-2所示。

图 5-2　效果展示

下面介绍在手机版剪映中制作自动节拍卡点视频的操作方法。

步骤 01 ❶在剪映中导入3张照片；❷添加相应的背景音乐，如图5-3所示。

步骤 02 ❶选择音频素材；❷点击"踩点"按钮，如图5-4所示。

步骤 03 进入"踩点"面板，❶点击"自动踩点"按钮；❷选择"踩节拍Ⅰ"选项，如图5-5所示。

步骤 04 点击✓按钮确认，在音乐鼓点的位置生成对应的节拍点，如图5-6所示。

步骤 05 拖曳第1张照片右侧的白色拉杆，使其与音频上的第2个节拍点对齐，调整其时长，如图5-7所示。

步骤 06 用同样的方法，调整另外两张照片的持续时长，使其与相应的节拍点对齐，删除多余的音频，如图5-8所示。

图 5-3　添加背景音乐

图 5-4　点击“踩点”按钮

图 5-5　选择“踩节拍 Ⅰ”选项

图 5-6　生成对应的节拍点

图 5-7　调整第 1 张照片的持续时长

图 5-8　删除多余的音频

步骤 07 ❶ 拖曳时间轴至视频起始位置；❷ 点击“特效”按钮，如图 5-9 所示。

步骤 08 点击“画面特效”按钮，进入特效素材库，❶切换至“金粉”选项卡；❷选择“冲屏闪粉”特效，如图5-10所示。

步骤 09 点击✓按钮返回，调整特效时长，使其与第1张照片的持续时长一致，如图5-11所示。

图 5-9　点击“特效”按钮

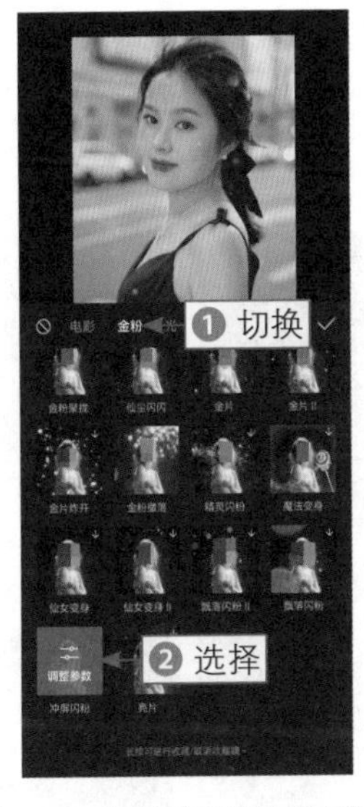

图 5-10　选择“冲屏闪粉”特效

图 5-11　调整特效持续时长

步骤 10 执行操作后，为其他两张照片添加相同的特效。❶选择第1张照片；❷点击“动画”按钮，如图5-12所示。

步骤 11 在“入场动画”选项卡中，选择“雨刷”动画，如图5-13所示，用同样的方法为其他照片添加“雨刷”动画。

图 5-12　点击“动画”按钮

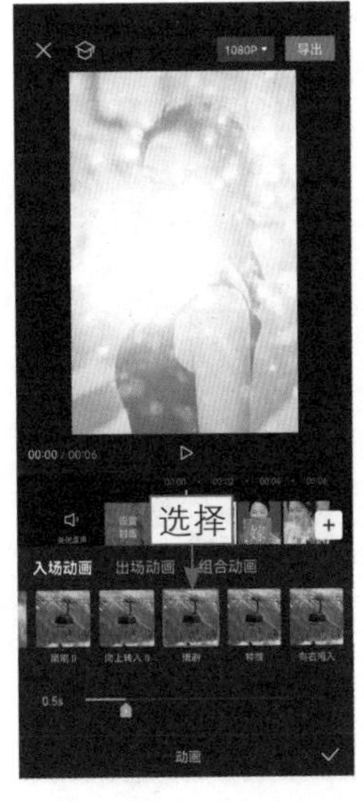

图 5-13　选择“雨刷”动画

5.2.2 玩法二：手动花卉卡点

扫码看教学视频

扫码看成品效果

【效果展示】：在剪映App中制作卡点视频除了使用自动踩点功能，还可以手动踩点，根据音乐节奏的起伏手动添加节拍点，从而制作出动感视频，效果如图5-14所示。

图 5-14 效果展示

下面介绍在手机版剪映中制作手动花卉卡点视频的操作方法。

步骤 01 ❶在剪映中导入8张照片；❷点击“音频”按钮，如图5-15所示。

步骤 02 进入二级工具栏，点击“音乐”按钮，如图5-16所示。

图 5-15 点击“音频”按钮

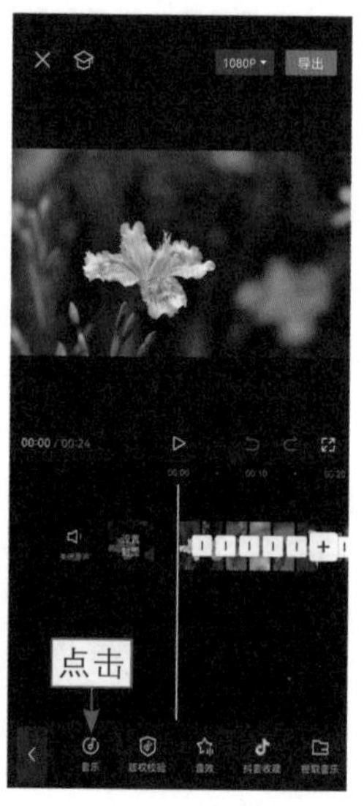

图 5-16 点击“音乐”按钮

步骤 03 进入“添加音乐”界面，❶切换至“收藏”选项卡；❷点击所选音乐右侧的“使用”按钮，如图5-17所示。

步骤 04 执行操作后，即可添加一段音频，如图5-18所示。

图 5-17　点击“使用”按钮（1）

图 5-18　添加一段音频

步骤 05 ❶选择音频；❷点击“踩点”按钮，如图5-19所示。

步骤 06 播放音频，在节奏鼓点的位置，点击“添加点”按钮，如图5-20所示。

图 5-19　点击“踩点”按钮

图 5-20　点击“添加点”按钮

步骤 07 执行操作后，即可在音频上添加多个节拍点，如图5-21所示，如果添加的节拍点位置不对，可以点击“删除点”按钮，将节拍点删除。

步骤 08 点击 按钮，即可完成手动踩点操作，拖曳第1张照片右侧的白色拉杆，使其结束位置与第1个节拍点对齐，如图5-22所示。

图 5-21　添加多个节拍点

图 5-22　拖曳第 1 张照片右侧的白色拉杆

步骤 09 用与上面相同的方法，❶调整其他照片的结束位置，对齐相应的节拍点，最后一张照片与音频的时长一致；❷调整每张照片的画面大小，如图5-23所示，使其铺满整个屏幕。

步骤 10 在起始位置，依次点击“音频”按钮和“音效”按钮，在音效素材库中，❶切换至“机械”选项卡；❷点击“拍照声1”音效右侧的“使用”按钮，如图5-24所示。

步骤 11 执行操作后，即可添加“拍照声1”音效并调整音效位

图 5-23　调整每张照片的画面大小

图 5-24　点击“使用”按钮（2）

置，如图5-25所示，使音效结束的位置与第1个节拍点对齐。

步骤 12 ❶选择音效；❷点击“复制”按钮，如图5-26所示。

图 5-25　调整音效位置

图 5-26　点击“复制”按钮（1）

步骤 13 执行操作后，即可复制音效并调整音效位置，使音效结束的位置与第2个节拍点对齐，如图5-27所示。

步骤 14 用与上面相同的操作方法，复制多个音效并调整位置，如图 5-28 所示。

图 5-27　调整复制音效的位置

图 5-28　复制多个音效并调整位置

步骤 15 ❶选择第1张照片；❷点击“动画”按钮，如图5-29所示。

步骤 16 进入“入场动画”界面，❶ 选择“动感缩小”动画；❷ 拖曳滑块，设置动画时长为1.0s，如图5-30所示。为其他照片添加相同的动画，并调整动画时长。

图 5-29　点击“动画”按钮

图 5-30　设置动画时长

步骤 17 为其他照片添加“动感缩小”动画后，返回一级工具栏，在视频起始位置点击“特效”按钮，如图5-31所示。

步骤 18 进入二级工具栏，点击“画面特效”按钮，如图5-32所示。

图 5-31　点击“特效”按钮

图 5-32　点击“画面特效”按钮

步骤 19 在“边框”选项卡中，选择相应的特效，如图5-33所示。

步骤 20 点击✓按钮，❶即可添加边框特效；❷点击“作用对象”按钮，如图5-34所示。

图 5-33　选择相应的特效

图 5-34　点击“作用对象”按钮

步骤 21 在“作用对象”面板中，选择“全局”选项，使特效作用于全局画面，如图5-35所示。

步骤 22 ❶调整特效的结束位置，使其稍微超过第1个音效；❷点击“复制”按钮，如图5-36所示。

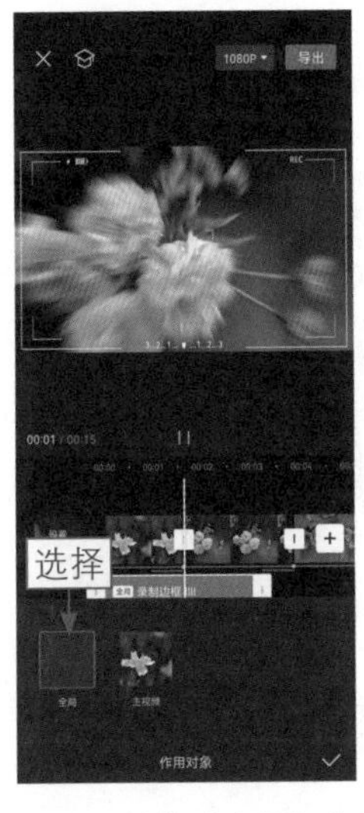

图 5-35　选择“全局”选项

图 5-36　点击“复制”按钮（2）

步骤23 调整复制特效的持续时长和位置，如图5-37所示。

步骤24 用同样的方法添加多个特效，如图5-38所示。

图5-37　调整复制的特效

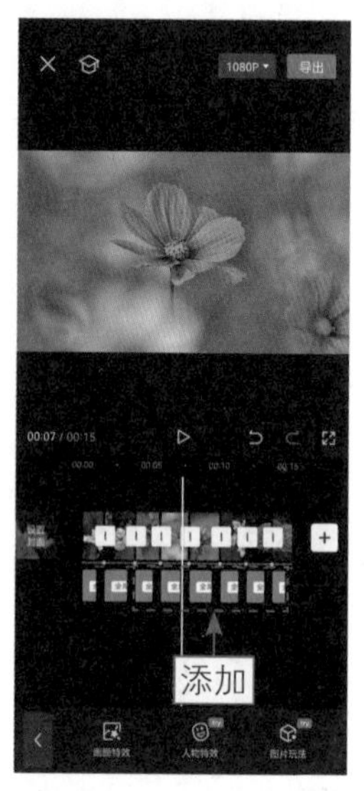

图5-38　添加多个特效

5.2.3　玩法三：3D立体卡点

扫码看教学视频

扫码看成品效果

【效果展示】：3D立体卡点也叫希区柯克卡点，能让照片中的人物在背景变焦中动起来，视频效果非常立体，效果如图5-39所示。

图5-39　效果展示

下面介绍在手机版剪映中制作3D立体卡点视频的操作方法。

步骤 01 在剪映App中导入4张照片素材，如图5-40所示。

步骤 02 ❶选择第1张照片素材；❷点击“抖音玩法”按钮，如图5-41所示。

图 5-40 导入 4 张照片素材

图 5-41 点击“抖音玩法”按钮

步骤 03 进入“抖音玩法”界面，选择“3D运镜”选项，如图5-42所示，为剩下的3张照片素材添加同样的“3D运镜”效果。

步骤 04 添加合适的卡点音乐，❶选择音频轨道中的音乐；❷点击“踩点”按钮，如图5-43所示。

图 5-42 选择“3D 运镜”选项

图 5-43 点击“踩点”按钮

步骤 05 进入“踩点”面板后，❶点击“自动踩点”按钮；❷选择“踩节拍Ⅰ”选项，如图5-44所示。

步骤 06 点击✓按钮返回，根据各个节拍点的位置，调整每个素材的持续时长，如图5-45所示，同时删除多余的音乐。执行操作后，即可完成3D立体卡点的制作。

图5-44 选择“踩节拍Ⅰ”选项

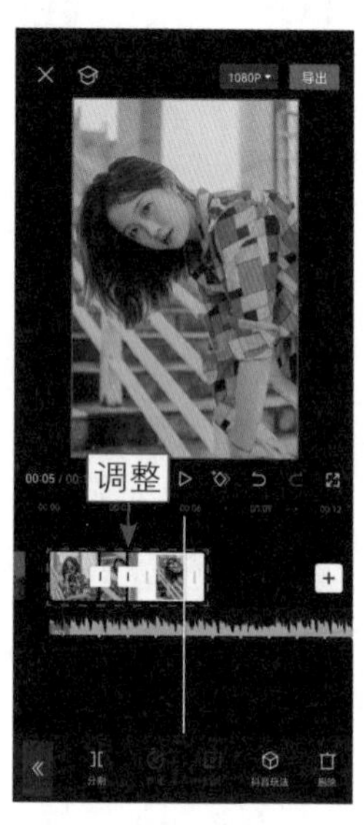

图5-45 调整每个素材的持续时长

5.2.4 玩法四：炫酷甩入卡点

扫码看教学视频　扫码看成品效果

【效果展示】：炫酷甩入卡点是使用剪映App的滤镜和甩入动画效果制作而成的，画面极具动感和创意性，效果如图5-46所示。

图5-46 效果展示

下面介绍在手机版剪映中制作炫酷甩入卡点视频的操作方法。

步骤 01 ❶在剪映中导入一张照片；❷依次点击“音频”按钮和“音乐”按钮，如图5-47所示。

步骤 02 进入“添加音乐”界面，❶切换至“收藏”选项卡；❷点击所选音乐右侧的“使用”按钮，如图5-48所示，将音乐添加到轨道中。

图 5-47　点击“音乐”按钮

图 5-48　点击“使用”按钮

步骤 03 在视频的起始处，❶拖曳时间轴至相应的位置；❷选择音频；❸点击“分割”按钮，如图5-49所示，然后选择分割后的前部分音频，点击“删除”按钮，将部分音乐前奏删除。

步骤 04 拖曳剩下的音频，调整其起始位置，使其与照片素材的起始位置对齐，如图5-50所示。

步骤 05 调整照片素材的时长与音频的时长均为6s，如图5-51所示。

步骤 06 ❶选择音频；❷点击“踩点”按钮，如图5-52所示。

图 5-49　点击“分割”按钮

图 5-50　调整音频的轨道位置

步骤 07 ❶拖曳时间轴至节奏鼓点的位置；❷点击“添加点”按钮，如图5-53所示，添加一个节拍点。

图 5-51 调整照片素材和音频的时长

图 5-52 点击“踩点”按钮

图 5-53 点击“添加点”按钮

步骤 08 用同样的方法，在音频上再次添加4个节拍点，如图5-54所示。

步骤 09 点击✓按钮确认，❶拖曳时间轴至第5个节拍点的位置；❷选择照片素材，点击“分割”按钮，如图5-55所示。

图 5-54 再次添加 4 个节拍点

图 5-55 点击“分割”按钮

步骤 10 ❶选择第1段素材；❷点击“复制”按钮，如图5-56所示。

步骤 11 默认选择复制的素材，点击“切画中画”按钮，如图5-57所示。

图 5-56　点击“复制”按钮（1）

图 5-57　点击“切画中画”按钮

步骤 12 将复制的素材切换至画中画轨道中后，拖曳素材，调整其开始位置与第1个节拍点的位置对齐，如图5-58所示。

步骤 13 ❶选择画中画轨道中的素材；❷点击“复制”按钮，如图5-59所示。

图 5-58　调整复制素材的位置（1）

图 5-59　点击“复制”按钮（2）

步骤 14 拖曳再次复制的素材至第2条画中画轨道中，并调整其位置，使其与第2个节拍点对齐，如图5-60所示。

步骤 15 用同样的方法，分别在第3条和第4条画中画轨道中添加复制的素材，并调整其位置，使其与第3个和第4个节拍点对齐，如图5-61所示。

图 5-60 调整复制素材的位置（2）

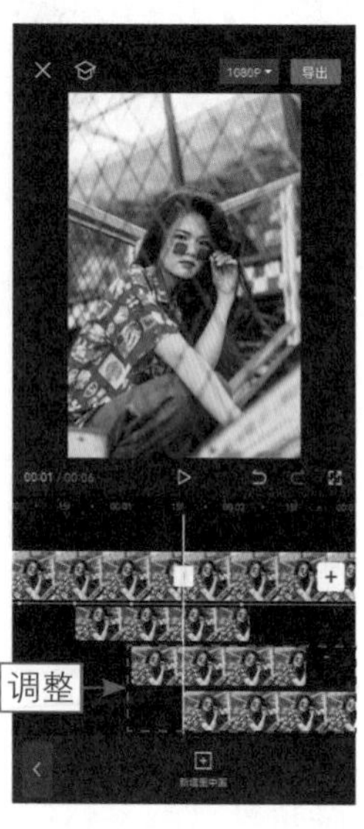

图 5-61 调整复制素材的位置（3）

步骤 16 选择第1条画中画轨道中的素材，调整其结束位置与第5个节拍点对齐，如图5-62所示。

步骤 17 用同样的方法，调整其他画中画轨道中素材的结束位置，如图5-63所示。

步骤 18 ❶选择第1条画中画轨道中的素材；❷在预览区域中适当缩小素材，如图5-64所示。

步骤 19 ❶选择第2条画中画轨道中的素材；❷在预览区域中适当缩小素材；❷点击“滤镜”按钮，如图5-65所示。

图 5-62 调整画中画素材的结束位置

图 5-63 调整其他画中画素材的结束位置

图 5-64　适当缩小素材画面

图 5-65　点击“滤镜”按钮

步骤 20 ❶ 切换至“黑白”选项区；❷ 选择“牛皮纸”滤镜，如图 5-66 所示。

步骤 21 用同样的操作方法，❶缩小第3段画中画素材的画面大小；❷为其选择“风格化”选项区中的“绝对红”滤镜，如图5-67所示。

图 5-66　选择“牛皮纸”滤镜

图 5-67　选择“绝对红”滤镜

步骤 22 ❶缩小第4段画中画素材的画面大小；❷点击“动画”按钮，如图5-68所示。

步骤23 在“入场动画”界面中，选择“向下甩入”动画，如图5-69所示。用同样的方法，为第1段画中画素材添加“向下甩入”入场动画，为第2段画中画素材添加“向左下甩入”入场动画，为第3段画中画素材添加“向右甩入”入场动画。

图 5-68　点击“动画”按钮（1）

图 5-69　选择“向下甩入”动画

步骤24 ❶选择视频轨道中的第2段素材；❷在工具栏中点击“动画”按钮，如图5-70所示。

步骤25 切换至“组合动画”选项卡，选择“百叶窗Ⅱ”动画，如图 5-71 所示。

步骤26 返回一级工具栏，❶拖曳时间轴至第 5 个节拍点的位置；❷依次点击“特效”按钮和“画面特效”按钮，如图 5-72 所示。

步骤27 ❶切换至“光”选项卡；❷选择“胶片漏光”特效，如图 5-73 所示。

图 5-70　点击“动画”按钮（2）

图 5-71　选择“百叶窗Ⅱ”动画

步骤 28 点击✓按钮返回，调整特效的持续时长，如图5-74所示。

图 5-72　点击“画面特效”按钮

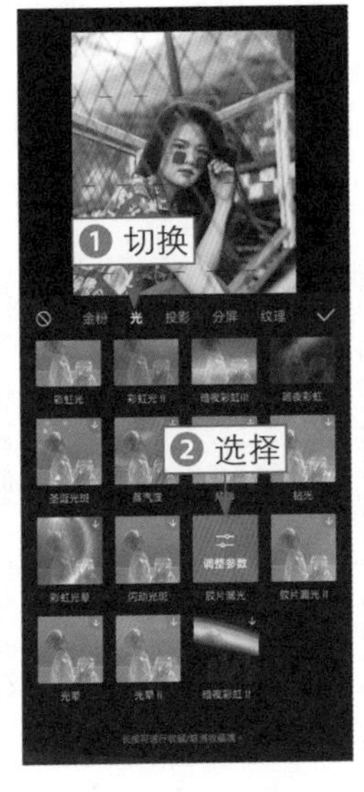

图 5-73　选择“胶片漏光”特效

图 5-74　调整特效的持续时长

5.2.5　玩法五：荧光线描卡点

扫码看教学视频

扫码看成品效果

【效果展示】：荧光线描卡点是短视频中较为火热的卡点视频，看似很难制作，其实非常简单，只需为视频添加“荧光线描”特效、“港漫”特效及滑动的动画效果即可。这个效果相对特殊，尽量使用照片素材来制作，效果展示如图5-75所示。

图 5-75　效果展示

下面介绍在手机版剪映中制作荧光线描卡点视频的操作方法。

步骤 01 在剪映App中导入两个素材，并添加合适的卡点音乐，❶选择添加的音乐；❷点击“踩点”按钮，如图5-76所示。

步骤 02 进入“踩点”界面后，❶点击“自动踩点”按钮；❷选择“踩节拍Ⅰ”选项，如图5-77所示。

图 5-76 点击“踩点”按钮

图 5-77 选择“踩节拍Ⅰ”选项

步骤 03 点击✓按钮返回，❶拖曳第1个素材右侧的白色拉杆，将其长度对准音频轨道中的第1个节拍点；❷点击“复制”按钮，如图5-78所示，复制一个素材。

步骤 04 ❶拖曳时间轴至第1个素材的起始位置；❷点击“特效”按钮，如图5-79所示，进入二级工具栏后，点击“画面特效”按钮。

步骤 05 ❶切换至“漫画”选项卡；❷选择“荧光线描”特效，如图5-80所示。

步骤 06 点击✓按钮添加“荧

图 5-78 点击“复制”按钮

图 5-79 点击“特效”按钮

光线描”特效，拖曳特效右侧的白色拉杆，调整其时长与第1个素材的时长保持一致，如图5-81所示。

图 5-80　选择“荧光线描”特效

图 5-81　调整特效时长

步骤 07 返回二级工具栏，点击“画面特效”按钮，在“氛围”选项卡中，选择“星火炸开”特效，如图5-82所示。

步骤 08 执行操作后返回，❶调整第2个特效的长度，对准第2个节拍点；❷选择第2个素材并调整其长度，也对准第2个节拍点，如图5-83所示。

图 5-82　选择“星火炸开”特效

图 5-83　调整第 2 个素材的持续时长

步骤 09 返回一级工具栏，❶拖曳时间轴至视频起始位置；❷依次点击“画中画”按钮和“新增画中画”按钮，如图5-84所示。

步骤 10 再次导入相同的照片素材，并调整其结束位置与第1个节拍点对齐，如图5-85所示。

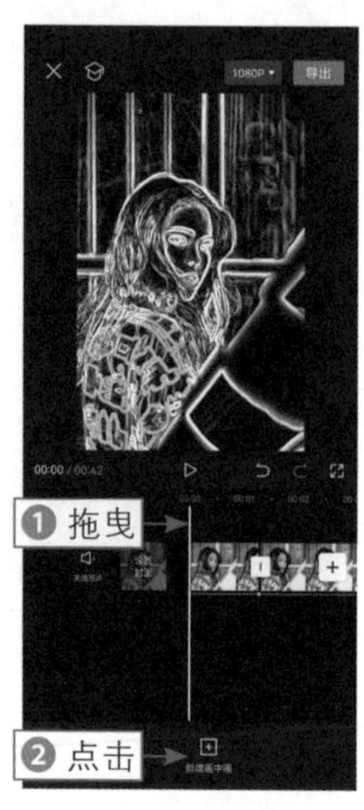

图 5-84　点击“新增画中画”按钮

图 5-85　调整素材的结束位置

步骤 11 在预览区域中，调整画中画素材的画面大小，如图5-86所示。

步骤 12 点击“抖音玩法”按钮，在“抖音玩法”界面中，选择“港漫”选项，如图5-87所示。

图 5-86　调整画中画素材的画面大小

图 5-87　选择“港漫”选项

步骤 13 生成漫画效果后，点击“混合模式”按钮，在“混合模式”界面中选择“滤色”选项，如图5-88所示。

步骤 14 点击✓按钮返回，❶选择视频轨道中的第1个素材；❷点击“动画”按钮，如图5-89所示。

图 5-88　选择“滤色”选项

图 5-89　点击“动画”按钮（1）

步骤 15 在“入场动画”界面中，❶选择“向右滑动”动画效果；❷拖曳滑块，设置动画时长为最长，如图5-90所示。

步骤 16 ❶选择画中画轨道中的第1个素材；❷点击“动画”按钮，如图5-91所示，进入“入场动画”选项卡。

步骤 17 ❶选择“向左滑动”动画效果；❷拖曳滑块，设置动画时长为最长，如图5-92所示。

步骤 18 用同样的操作方法，为后面的素材添加特效和动画效果，并调整音乐的时长，如图 5-93 所示。

图 5-90　设置动画时长（1）

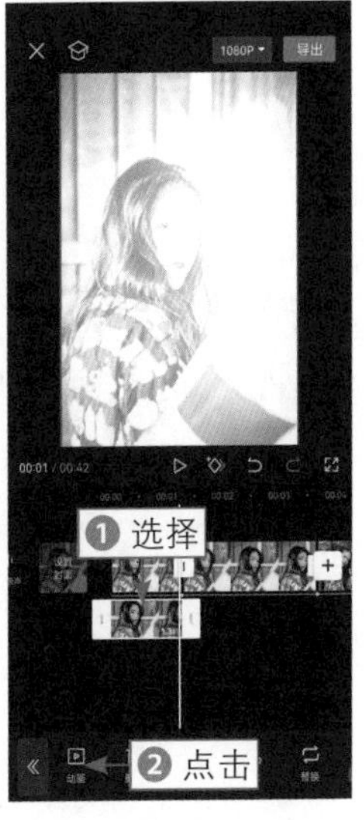

图 5-91　点击“动画”按钮（2）

图 5-92　设置动画时长（2）

图 5-93　调整音乐的时长

5.3　电脑版剪映卡点的5种玩法

在电脑版剪映中，通过手动或自动踩点功能，以及叠加其他的剪辑功能，也能够制作出精美、炫酷的卡点效果，如抽帧卡点视频、手动对焦卡点、车流变速卡点、X形开幕卡点、回弹伸缩卡点等。本节将一一介绍这些卡点视频的制作方法。

5.3.1　玩法一：抽帧卡点视频

扫码看教学视频

扫码看成品效果

【效果展示】：抽帧卡点视频的制作方法是根据音乐节奏有规律地删除视频片段，也就是抽掉一些视频帧，从而达到卡点的效果，效果如图 5-94 所示。

图 5-94　效果展示

下面介绍在电脑版剪映中制作抽帧卡点视频的操作方法。

步骤 01 在电脑版剪映中，导入并添加视频到视频轨道中，如图5-95所示。

步骤 02 在“音频”功能区中，❶输入歌曲名称并搜索；❷单击相应音乐右下角的“添加到轨道”按钮，如图5-96所示，为视频添加合适的卡点音乐。

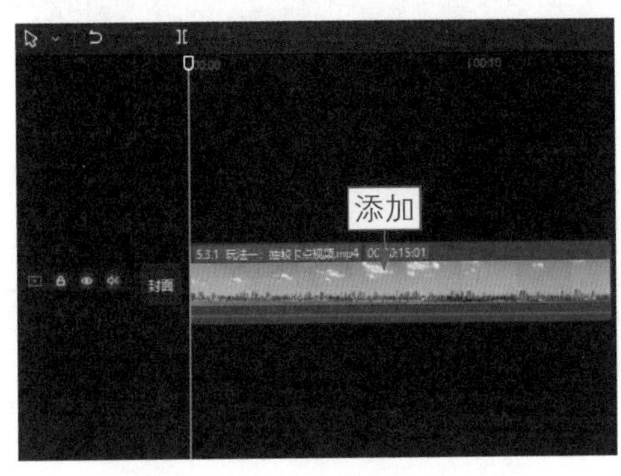

图 5-95　将视频添加到视频轨道中

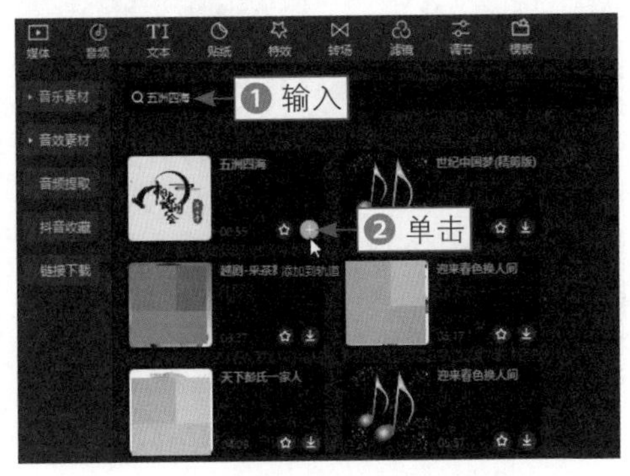

图 5-96　单击“添加到轨道”按钮

步骤 03 ❶选择音乐素材；❷单击“自动踩点”按钮，在弹出的列表框中选择“踩节拍Ⅱ”选项，如图5-97所示。

步骤 04 执行操作后，即可在音频上自动添加小黄点，这些小黄点就是音频的节拍点，如图5-98所示。

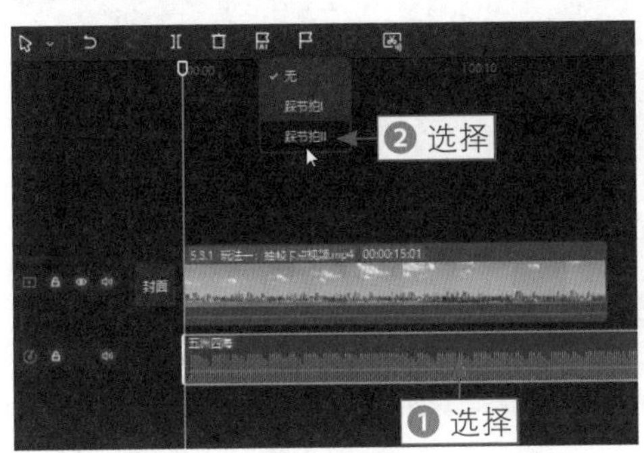

图 5-97　选择“踩节拍Ⅱ”选项

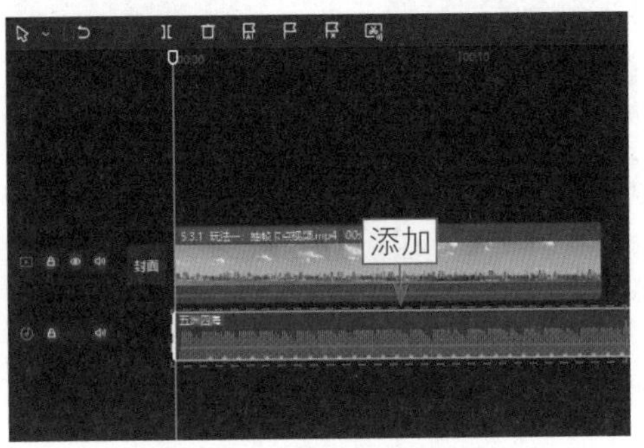

图 5-98　自动添加节拍点

★ 专 家 提 醒 ★

电脑版剪映的“自动踩点”功能和手机版剪映的相同，有“踩节拍Ⅰ”和“踩节拍Ⅱ”两种模式。一般来说，“踩节拍Ⅰ”模式生成的节拍点比“踩节拍Ⅱ”模式的更少、更精炼，我们在剪辑时可以根据卡点的需求进行选择。

步骤 05 ❶拖曳时间轴至第1个节拍点的位置；❷选择视频素材；❸单击

“分割”按钮，如图5-99所示，对素材进行分割。

步骤06 ❶拖曳时间轴至第2个节拍点的位置；❷再对第2段素材进行分割，如图5-100所示。

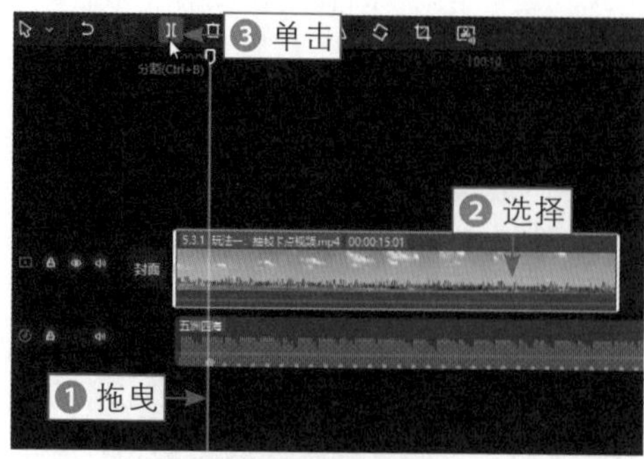

图5-99 单击“分割”按钮（1）

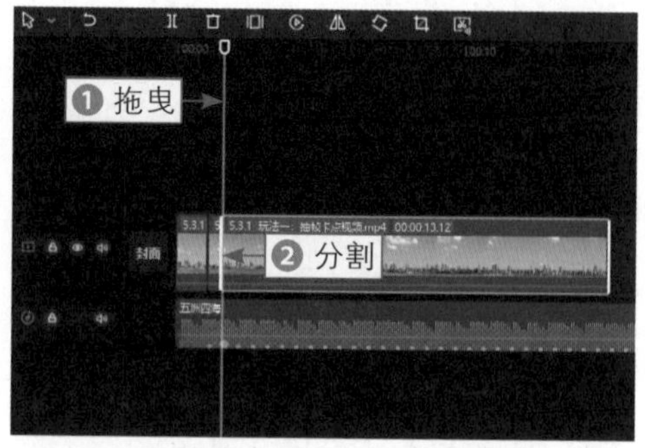

图5-100 对第2段素材进行分割

步骤07 ❶选择第2段素材；❷单击“删除”按钮，如图5-101所示，将其删除，即可完成第1段抽帧片段的制作。

步骤08 在后面节拍点的位置对素材再次进行分割，❶拖曳时间轴至第3个节拍点的位置；❷单击“分割”按钮，如图5-102所示。

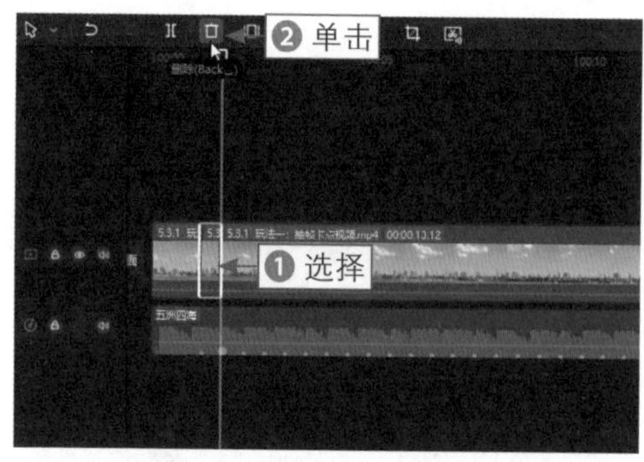

图5-101 单击“删除”按钮（1）

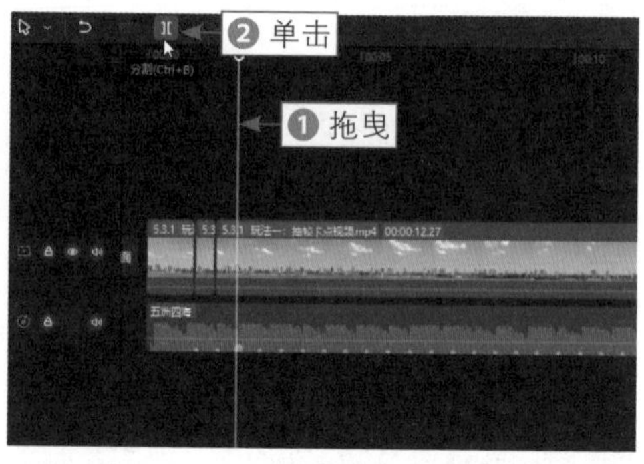

图5-102 单击“分割”按钮（2）

步骤09 ❶选择第3段素材；❷单击“删除”按钮，如图5-103所示，将其删除，即可完成第2段抽帧片段的制作。

步骤10 用同样的方法，根据小黄点的位置分割和删除剩下的片段，制作其他的抽帧片段，最后调整音乐的时长，使其与视频时长保持一致，如图5-104所示，即可完成抽帧卡点视频的制作。

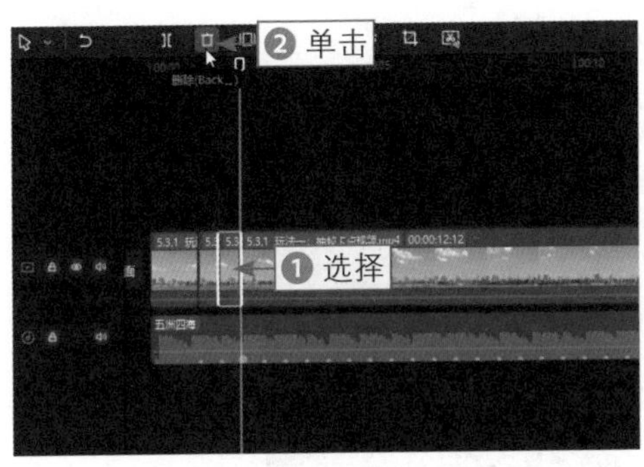

图 5-103　单击“删除”按钮（2）

图 5-104　调整音乐的时长

5.3.2　玩法二：手动对焦卡点

扫码看教学视频

扫码看成品效果

【效果展示】：在剪映中，有些音乐无法运用“自动踩点”功能标出节拍点，此时我们就可以运用“手动踩点”功能来自行添加节拍点，从而制作出卡点视频，效果如图5-105所示。

图 5-105　效果展示

下面介绍在电脑版剪映中制作手动对焦卡点视频的操作方法。

步骤 01 在“本地”选项卡中导入4段素材，❶全选所有素材；❷单击素材1右下角的“添加到轨道”按钮，如图5-106所示，即可将所有素材按顺序添加到视频轨道中。

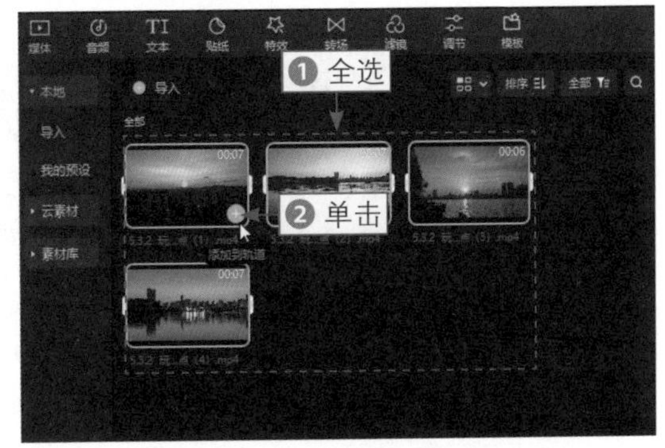

图 5-106　单击“添加到轨道”按钮（1）

步骤 02 ❶切换至“音频”功能区；❷在“收藏”选项区中单击相应音乐右下角的“添加到轨

道”按钮，如图5-107所示，将其添加到音频轨道。

图 5-107　单击“添加到轨道”按钮（2）

步骤 03 ❶拖曳时间轴至00:00:01:07的位置；❷单击“手动踩点”按钮，如图5-108所示，即可在该位置添加一个节拍点。

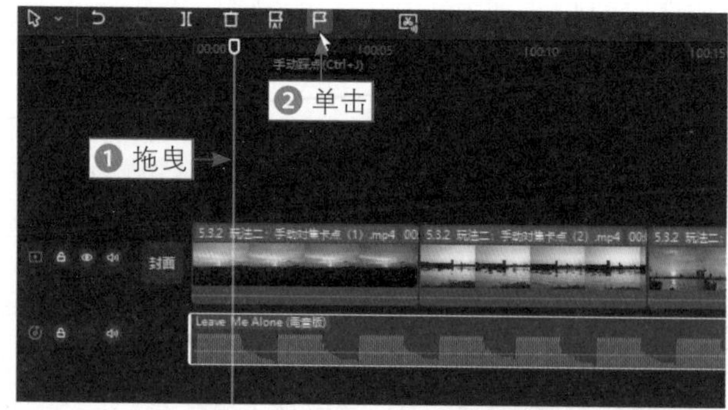

图 5-108　单击“手动踩点”按钮

步骤 04 用同样的方法，单击“手动踩点”按钮，在适当的位置再添加6个节拍点，如图5-109所示。

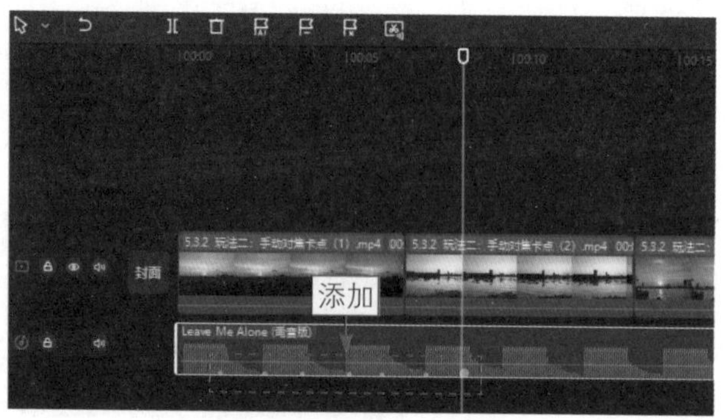

图 5-109　再添加 6 个节拍点

步骤 05 ❶调整4段素材的时长，使第1段、第2段和第3段素材的结束位置分别对齐第2个、第4个和第6个节拍点；❷调整第4段素材的结束位置与音频的结束位置对齐，如图5-110所示。

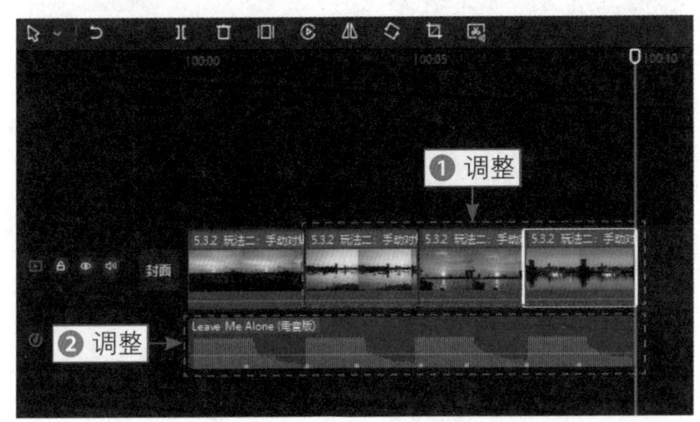

图 5-110　调整第 4 段素材和音频的结束位置

★ 专 家 提 醒 ★

我们为音频添加好节拍点后，如果对某一个节拍点不满意，可以拖曳时间轴至该节拍点的位置，单击“删除踩点”按钮将其删除；如果想批量清空节拍点，可以单击“清空踩点”按钮，将音频上的节拍点全部清除。

步骤 06 拖曳时间轴至视频起始处，❶切换至“特效”功能区；❷在“基础”选项卡中单击“变清晰”特效右下角的按钮，如图5-111所示，将其添加到特效轨道。

步骤 07 ❶切换至“滤镜”功能区；❷在“风景”选项卡中单击“暮色”滤镜右下角的“添加到轨道”按钮，如图5-112所示，添加一个滤镜。

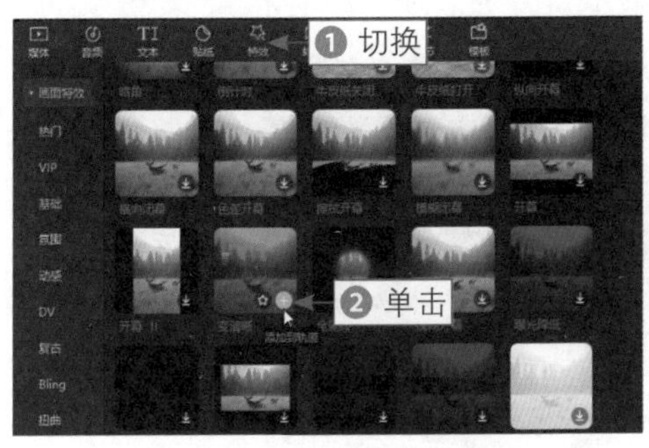

图 5-111　单击“添加到轨道”按钮（3）

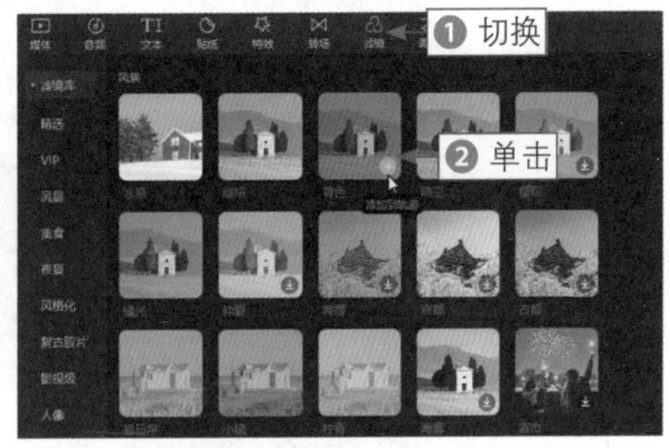

图 5-112　单击“添加到轨道”按钮（4）

步骤 08 在“滤镜”操作区中拖曳“强度”滑块，设置其参数为40，如图5-113所示，调整滤镜的强度。

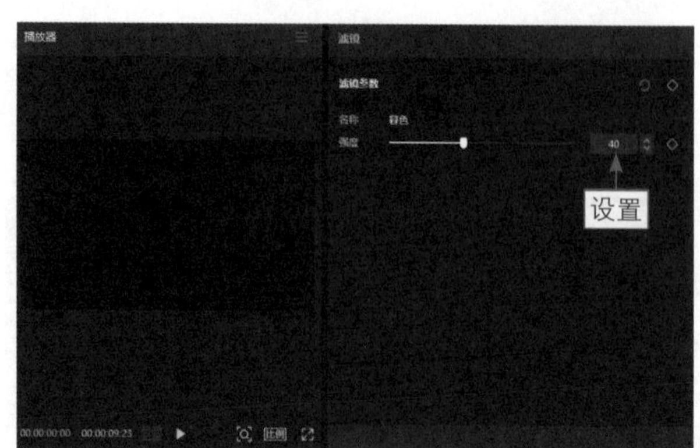

图 5-113　设置“强度”参数

步骤 09 调整“变清晰”特效和“暮色”滤镜的位置与持续时长，使“变清晰”特效结束的位置与第1个节拍点对齐；使“暮色”滤镜的起始位置与第1个节拍点对齐、结束位置与第1段素材结束的位置对齐，如图5-114所示。

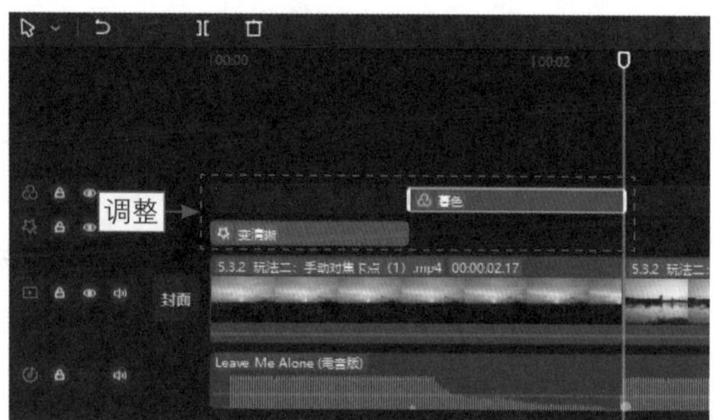

图 5-114　调整特效和滤镜的位置和时长

步骤 10 用复制、粘贴的方法，为剩下的素材分别添加“变清晰”特效和“暮色”滤镜，并调整其位置和持续时长，如图 5-115 所示，即可完成对焦卡点视频的制作。

图 5-115　调整其他特效和滤镜的位置与持续时长

5.3.3 玩法三：车流变速卡点

扫码看教学视频　扫码看成品效果

【效果展示】：车流变速卡点是对“变速”功能和“踩点”功能的应用。运用“常规变速”功能和卡点音乐对视频进行分割变速操作，可以制作出变速卡点效果，使车流速度忽快忽慢，效果如图 5-116 所示。

图 5-116　效果展示

下面介绍在电脑版剪映中制作车流变速卡点的操作方法。

步骤 01 在电脑版剪映中导入并添加一段视频素材，如图5-117所示。

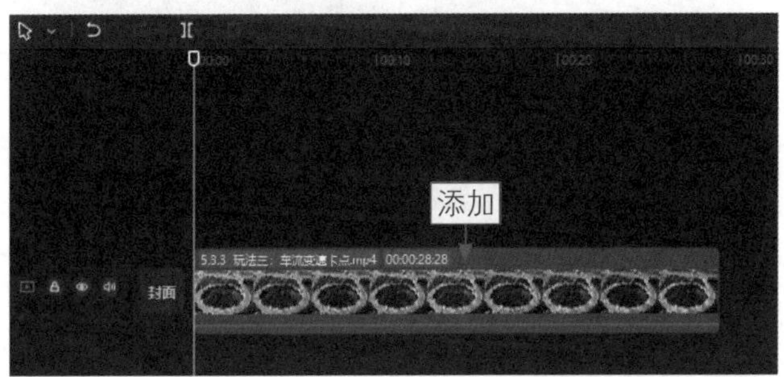

图 5-117　添加视频素材

步骤 02 在“音频”功能区的“卡点”选项区中，单击相应音乐右下角的“添加到轨道”按钮，如图5-118所示，将音乐添加到音频轨道。

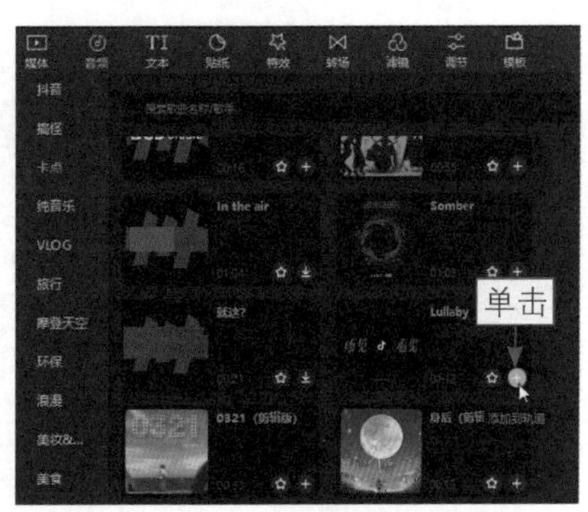

图 5-118　单击“添加到轨道”按钮（1）

步骤 03 执行操作后，单击“自动踩点”按钮，在弹出的列表框中选择“踩节拍 I ”选项，如图5-119所示，生成音乐节拍点。

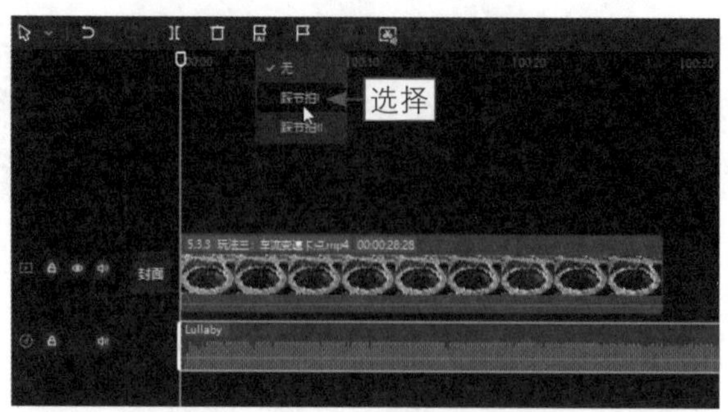

图 5-119　选择“踩节拍 I ”选项

步骤 04 选择视频素材，在“变速”操作区的“常规变速”选项卡中，设置“倍数”参数为0.5x，如图5-120所示，减慢视频的播放速度。

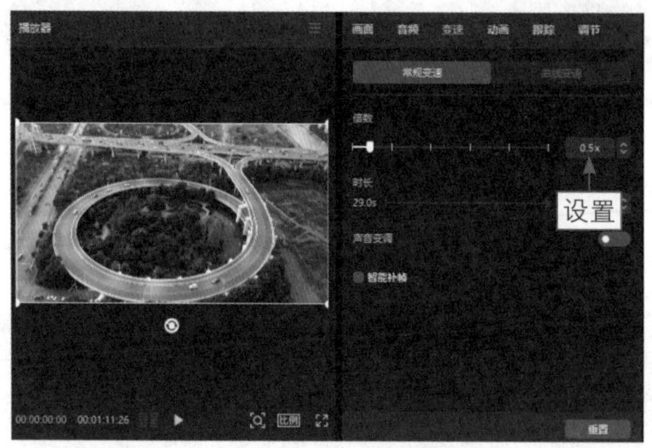

图 5-120　设置“倍数”参数（1）

步骤 05 ❶拖曳时间轴至第2个节拍点的位置（后面依次移动一个节拍点）；❷单击“分割”按钮，如图5-121所示，分割素材。

步骤 06 在“变速”操作区的“常规变速”选项卡中，设置“倍数”参数为4.0x，如图5-122所示，加快视频的播放速度。

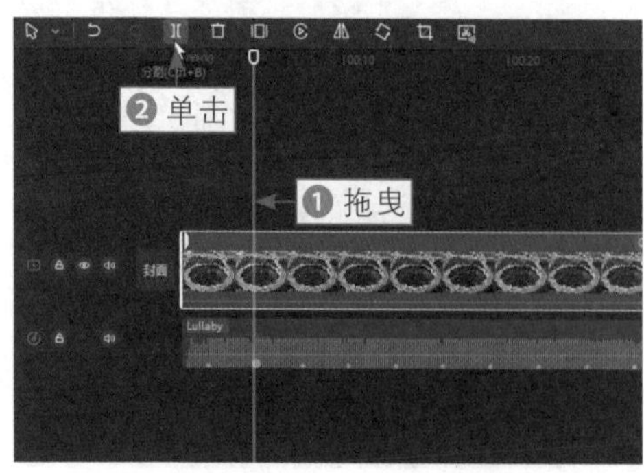

图 5-121　单击“分割”按钮

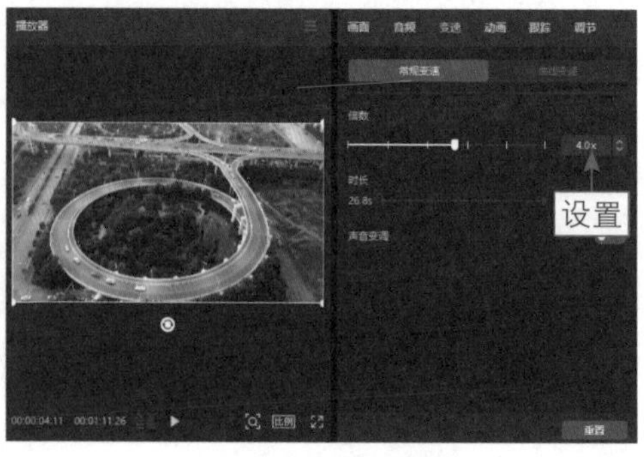

图 5-122　设置“倍数”参数（2）

步骤07 拖曳时间轴至第3个节拍点的位置，如图5-123所示，对素材进行分割。

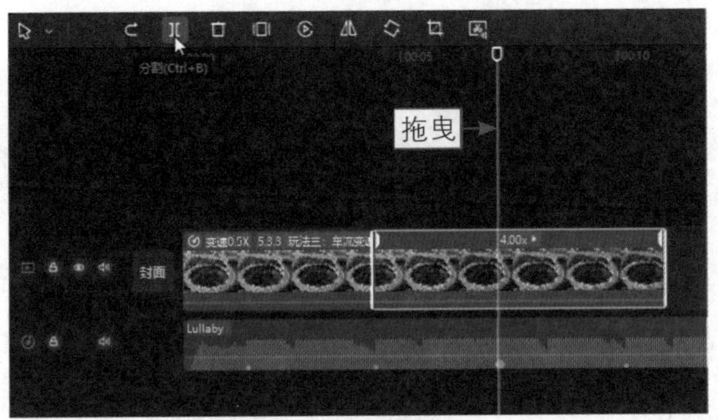

图 5-123　拖曳时间轴（1）

步骤08 在“变速”操作区的“常规变速”选项卡中，设置“变速”参数为0.5x，如图5-124所示，再次将视频的播放速度调慢。

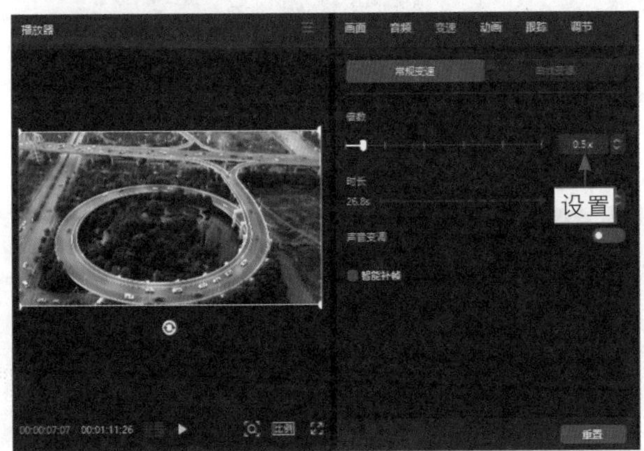

图 5-124　设置“倍数”参数（3）

步骤09 拖曳时间轴至第4个节拍点的位置，如图5-125所示，对素材进行分割。

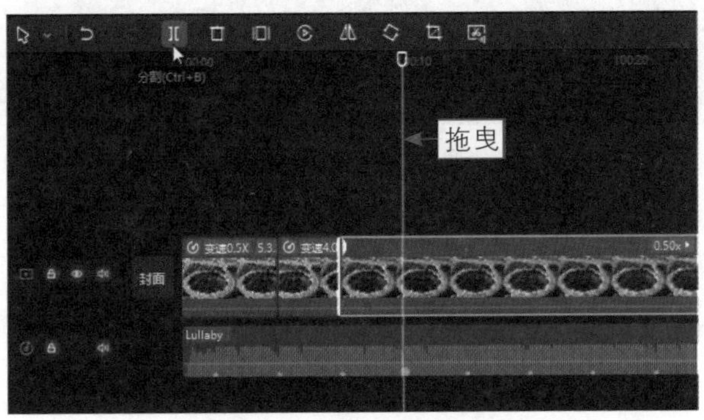

图 5-125　拖曳时间轴（2）

步骤 10 在“变速”操作区的“常规变速”选项卡中，设置“变速”参数为4.0x，如图5-126所示，再次将视频的播放速度调快。

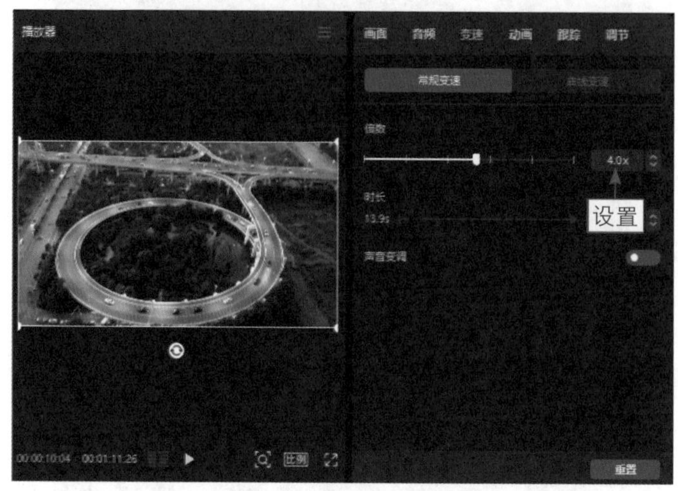

图 5-126 设置“倍数”参数（4）

步骤 11 调整最后一段视频和音频的时长，使其结束的位置均定位在00:00:12:10的位置，如图5-127所示。

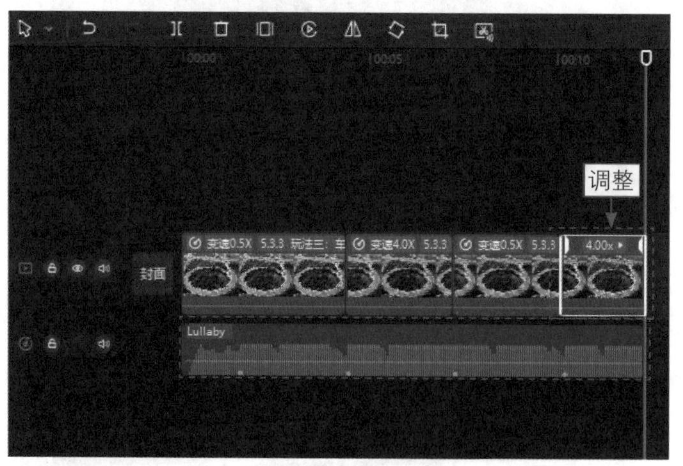

图 5-127 调整最后一段视频和音频的时长

步骤 12 拖曳时间轴至视频的起始位置，在“滤镜”选项卡的“黑白”选项区，单击“蓝调”滤镜右下角的“添加到轨道”按钮，如图5-128所示。

步骤 13 调整“蓝调”滤镜的持续时长，用复制、粘贴的方法，为第3段素材添加“蓝调”滤镜，如图5-129所示。

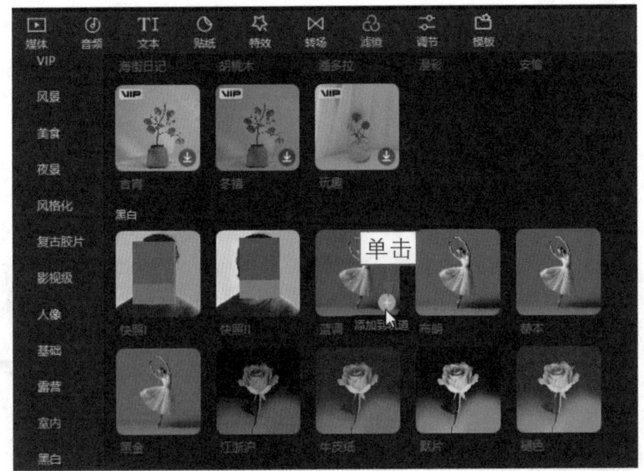

图 5-128　单击“添加到轨道”按钮（2）

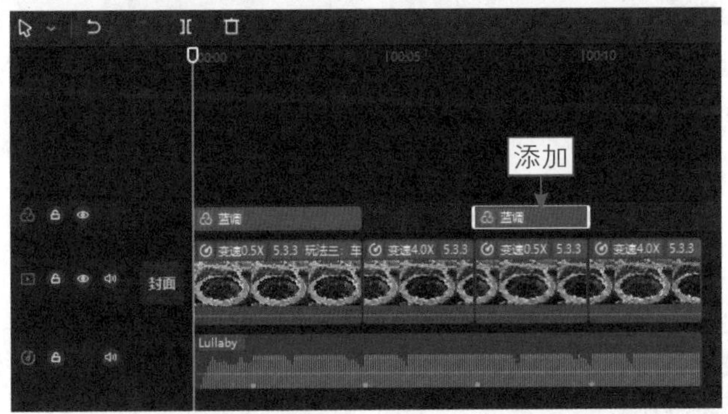

图 5-129　为第 3 段素材添加滤镜

5.3.4　玩法四：X形开幕卡点

扫码看教学视频

扫码看成品效果

【效果展示】：在电脑版剪映中，运用“镜面”蒙版可以将视频画面的显示范围设置为交叉的X形，搭配动感的音乐和动画，制作出X形蒙版开幕卡点，效果如图5-130所示。

图 5-130　效果展示

下面介绍在电脑版剪映中制作X形开幕卡点的操作方法。

步骤 01 在视频轨道中添加一段视频素材，在“滤镜”功能区的“黑白”选项卡中，选择“默片”滤镜，如图5-131所示。

步骤 02 单击“添加到轨道”按钮，即可添加一个“默片”滤镜，并调整滤镜的持续时长与视频时长一致，如图5-132所示，将调色视频导出备用。

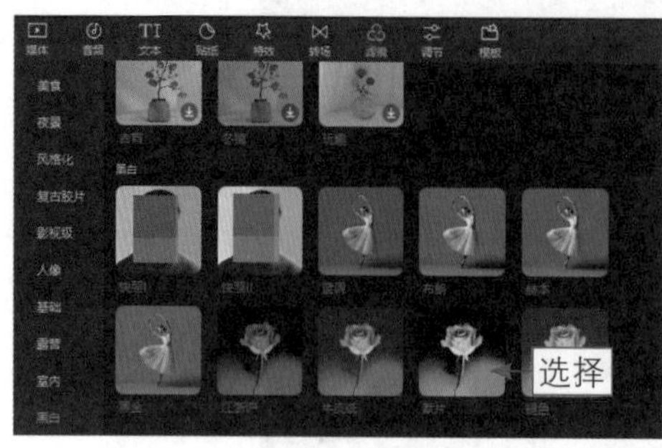

图 5-131 选择“默片”滤镜

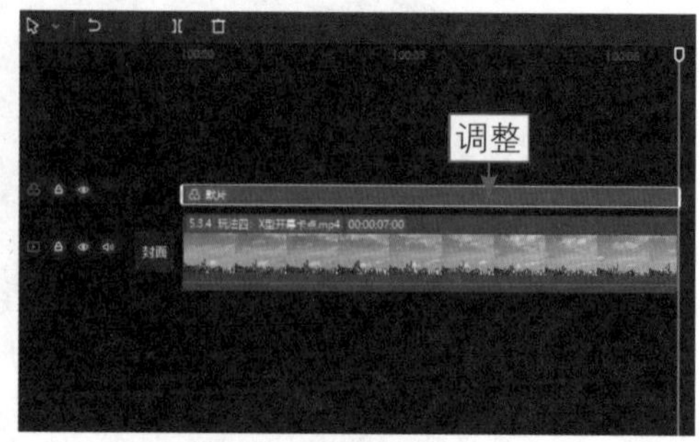

图 5-132 调整滤镜的持续时长

步骤 03 将“默片”滤镜删除，在音频轨道中添加一段背景音乐，并调整其时长与视频时长一致，如图5-133所示。

步骤 04 ❶选择音乐素材；❷单击“自动踩点”按钮，在弹出的列表框中选择“踩节拍Ⅱ”选项，如图5-134所示。

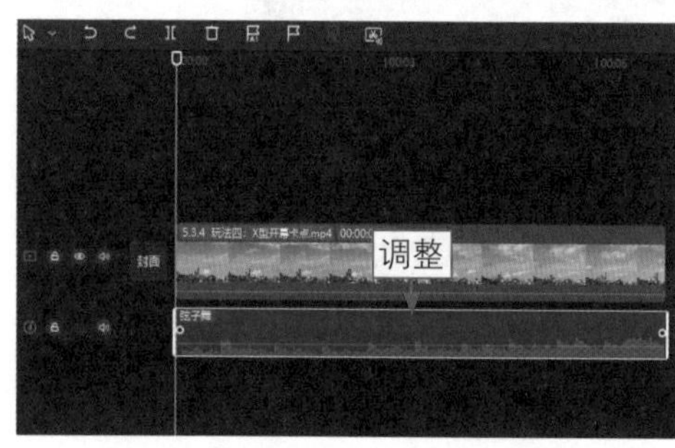

图 5-133 调整背景音乐的时长

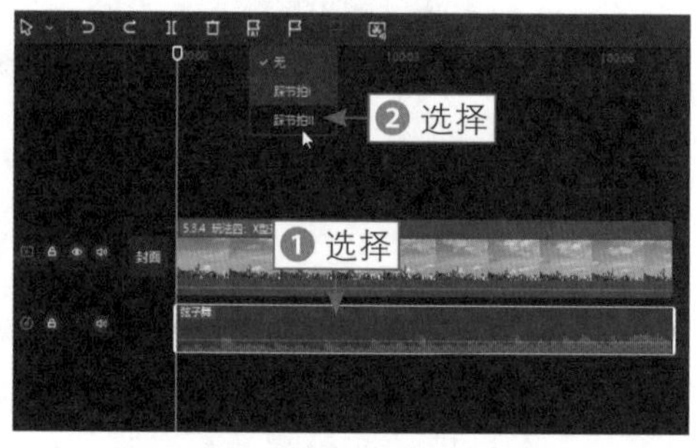

图 5-134 选择“踩节拍Ⅱ”选项

步骤 05 切换至“媒体”功能区，在“素材库”|“热门”选项卡中，单击黑幕素材右下角的“添加到轨道”按钮，如图5-135所示。

步骤 06 将黑幕素材拖曳至画中画轨道中，并将其结束的位置调整为与第5个节拍点对齐，如图5-136所示。

步骤 07 将前面导出的调色视频导入“媒体”功能区，如图5-137所示。

图 5-135　单击“添加到轨道”按钮

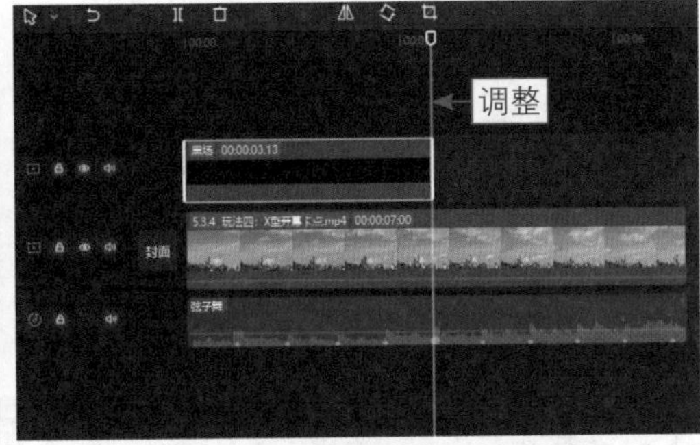

图 5-136　调整黑幕素材结束的位置

步骤 08 将调色视频添加到第2条画中画轨道中，拖曳左侧的白色拉杆，调整其开始的位置与第1个节拍点对齐，如图5-138所示。

图 5-137　导入调色视频

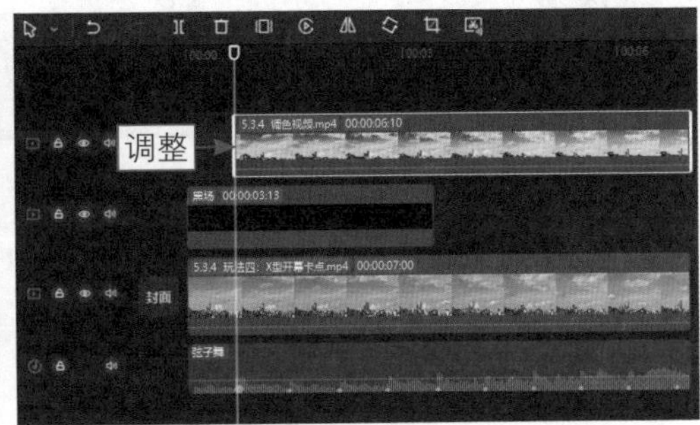

图 5-138　调整调色视频开始的位置

步骤 09 调整画中画素材结束的位置，使其与第 5 个节拍点对齐，如图 5-139 所示。

步骤 10 在“画面”操作区的“蒙版”选项卡中，选择“镜面”蒙版，在“播放器”窗口中调整蒙版的大小和角度，如图5-140所示。

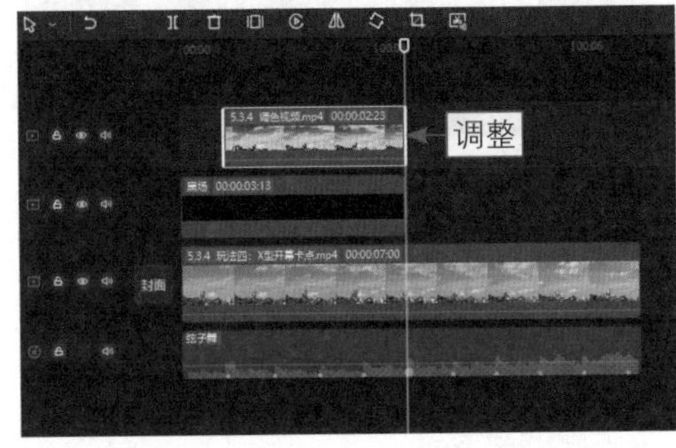

图 5-139　调整画中画素材结束的位置

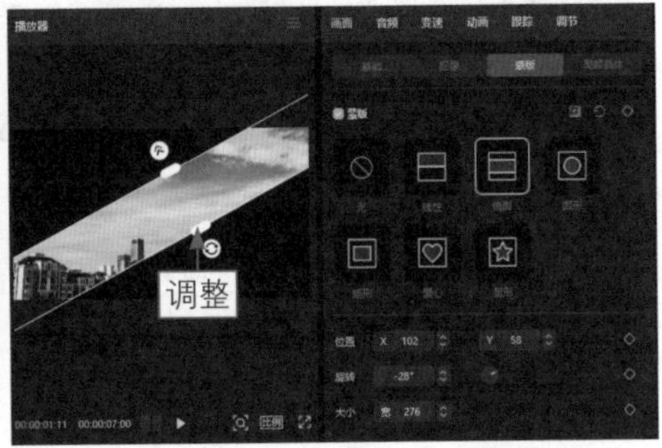

图 5-140　调整蒙版的大小和角度

步骤 11 复制第2条画中画轨道中的调色视频，将其粘贴至第3条画中画轨道中，并调整其开始的位置与第2个节拍点对齐，使其结束的位置与第5个节拍点对齐，如图5-141所示。

步骤 12 ❶在“蒙版”选项卡中，将“旋转”参数中的负数改为正数，即可翻转蒙版，使画面呈X形；❷在“播放器”窗口适当调整蒙版的位置，让画面更美观，如图5-142所示。

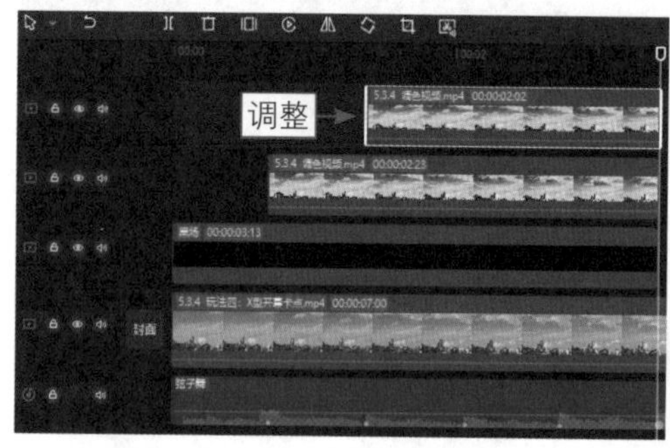

图5-141 调整复制视频的位置（1）

图5-142 适当调整蒙版的位置

步骤 13 在第4条画中画轨道中，复制并粘贴原视频素材，然后调整其开始的位置与第3个节拍点对齐、结束的位置与第5个节拍点对齐，如图5-143所示。

步骤 14 用同样的方法，为视频添加“镜面”蒙版并调整蒙版的位置和角度，如图5-144所示。

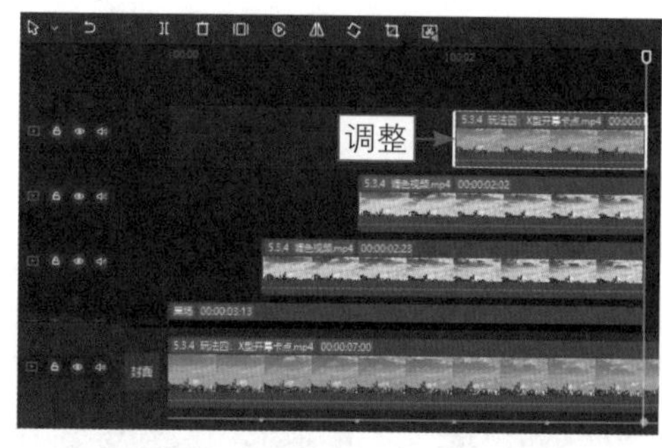

图5-143 调整复制视频的位置（2）

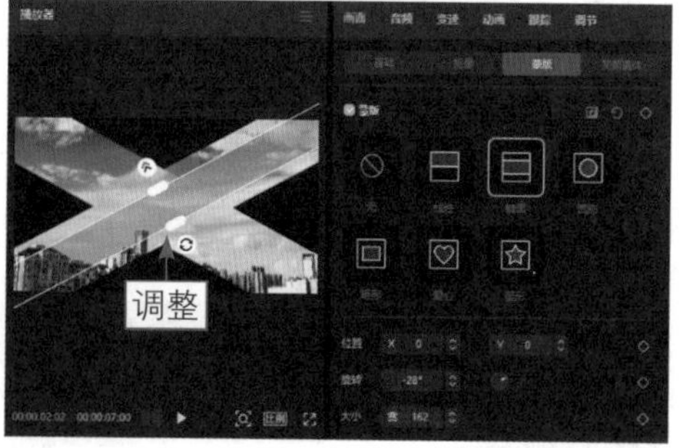

图5-144 调整蒙版的位置和角度

步骤 15 将第4条画中画轨道中的原视频复制并粘贴到第5条画中画轨道中，并调整其开始的位置与第4个节拍点对齐、结束的位置与第5个节拍点对齐，如图5-145所示。

步骤 16 在“蒙版”选项卡中，修改“旋转”参数为正数，使蒙版翻转，制作一组有颜色的X形画面，如图5-146所示。

图 5-145　调整复制视频的位置（3）

图 5-146　修改“旋转”参数

步骤 17 选择第2条画中画轨道中的视频，在“动画”操作区的“入场”选项卡中，选择“向左下甩入”动画，如图5-147所示，为视频添加动画效果。用同样的方法，为第4条画中画轨道中的视频添加“向左下甩入”入场动画。

步骤 18 选择第3条画中画轨道中的视频，在“动画”操作区的“入场”选项卡中，选择“向右下甩入”动画，如图5-148所示，为视频添加动画效果。用同样的方法，为第5条画中画轨道中的视频添加“向右下甩入”入场动画，即可完成X形开幕卡点视频的制作。

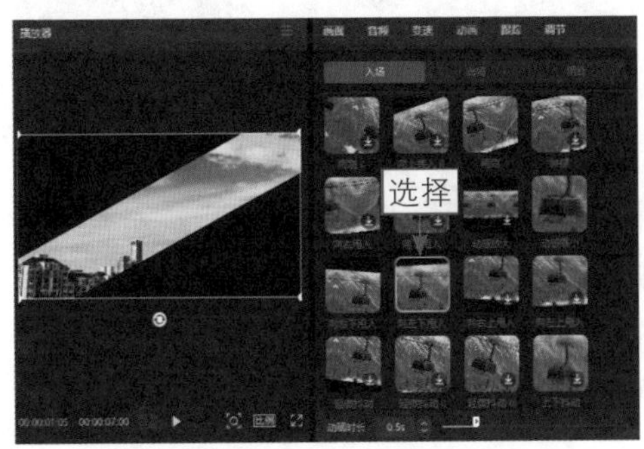

图 5-147　选择“向左下甩入”动画

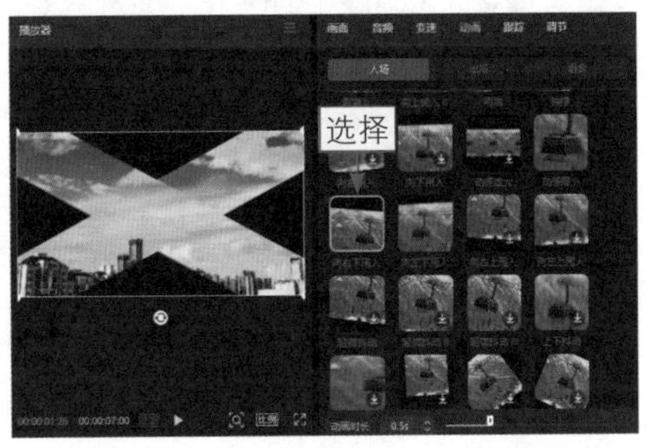

图 5-148　选择“向右下甩入”动画

5.3.5　玩法五：回弹伸缩卡点

扫码看教学视频

扫码看成品效果

【效果展示】：回弹伸缩卡点是使用剪映中的“回弹伸缩”动画效果制作而成的，画面非常具有节奏感，效果如图5-149所示。

下面介绍在电脑版剪映中制作回弹伸缩卡点的操作方法。

图 5-149　效果展示

步骤 01 在电脑版剪映中导入并添加7张照片素材和音乐素材，如图5-150所示。

步骤 02 选择音频素材，单击“自动踩点”按钮，并选择“踩节拍Ⅱ”选项，如图5-151所示，即可添加音乐节拍点。

图 5-150　添加 7 张照片素材和音乐素材

图 5-151　选择“踩节拍Ⅱ”选项

步骤 03 ❶拖曳时间轴至第1个节拍点的位置；❷单击“删除踩点”按钮，如图5-152所示，将节拍点删除。

步骤 04 调整第1张照片素材结束的位置与第1个节拍点对齐，如图5-153所示。

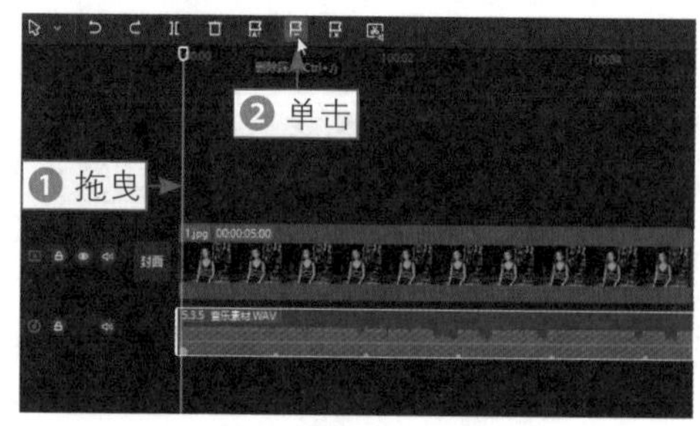

图 5-152　单击“删除踩点”按钮

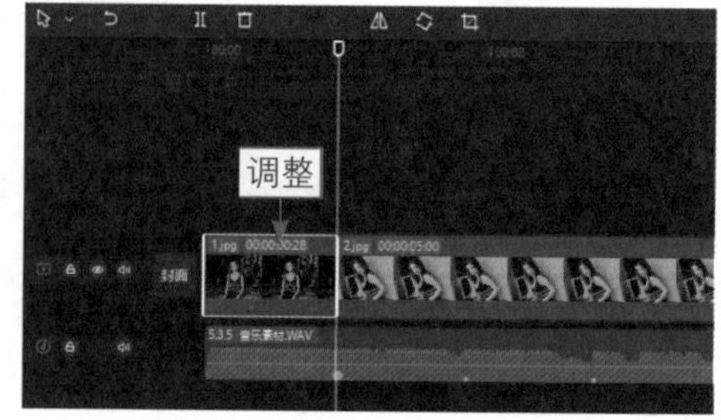

图 5-153　调整第 1 张照片结束的位置

步骤05 ❶调整其他照片结束的位置与各个节拍点对齐；❷调整音乐素材时长，让其与最后1张照片素材的时长一致，如图5-154所示。

图 5-154 调整音乐素材时长

步骤06 选择第1张照片素材，在“动画”操作区的“组合”选项卡中，选择“回弹伸缩”动画，如图5-155所示。

图 5-155 选择“回弹伸缩”动画

步骤07 用同样的方法为其他照片素材添加“回弹伸缩”动画，如图5-156所示。

步骤08 拖曳时间轴至视频起始位置，切换至“特效”功能区，在“金粉”选项卡中，单击“金粉”特效右下角的“添加到轨道”按钮，如图5-157所示，添加第1个特效，丰富视频画面。

步骤09 执行操作后，调整特效的持续时长，让其与视频时长一致，如图5-158所示。

图 5-156　添加“回弹伸缩”动画

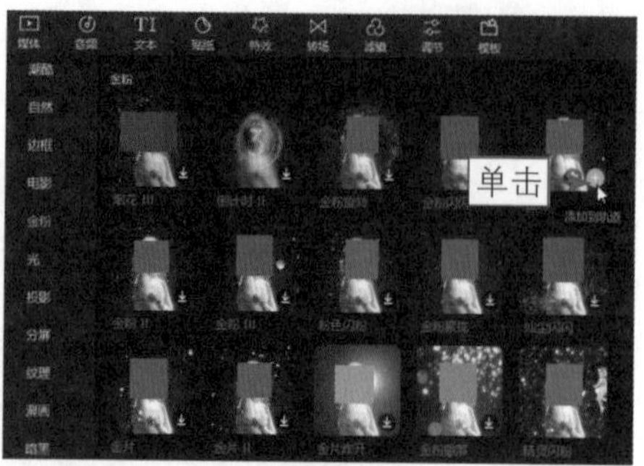

图 5-157　单击“添加到轨道”按钮（1）

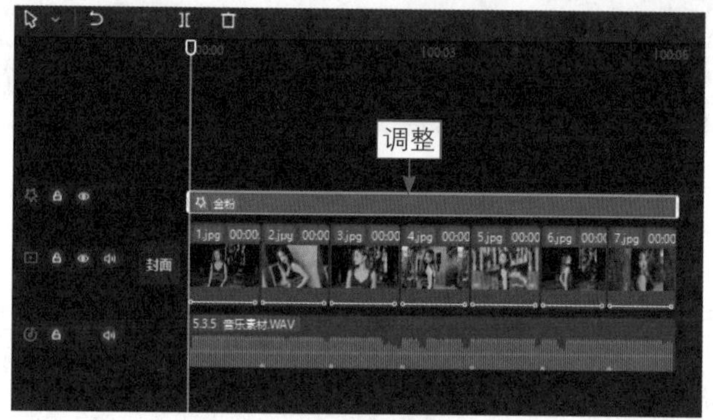

图 5-158　调整特效的持续时长

步骤 10 拖曳时间轴至第1个节拍点的位置，在“氛围”选项卡中，单击“星火炸开”特效右下角的“添加到轨道”按钮，如图5-159所示，添加第2个特效。

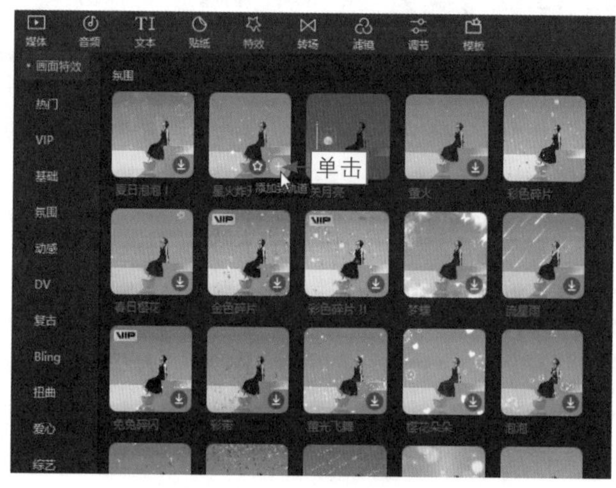

图 5-159　单击“添加到轨道”按钮（2）

步骤 11 调整“星火炸开”特效的持续时长和位置，使其与第2张照片素材对齐，如图5-160所示。

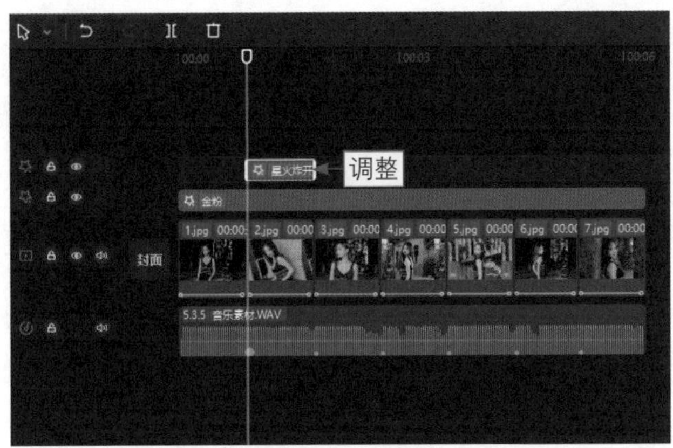

图 5-160　调整“星火炸开”特效的持续时长和位置

步骤 12 用复制、粘贴的方法，添加同样的“星火炸开”特效，并调整其持续时长和位置，使其与相应的照片素材对齐，如图5-161所示。

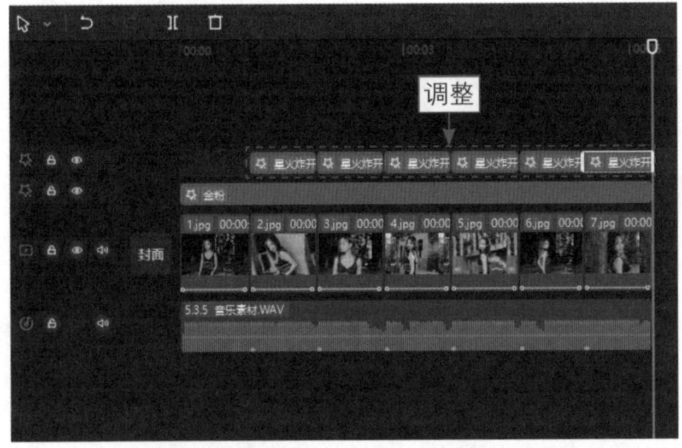

图 5-161　调整其他特效的持续时长和位置